西安交通大学 XI'AN JIAOTONG UNIVERSITY

本科"十四五"规划教材

U0290648

虚实结合机械系统故障诊断实验教程

主　编　王保建　张小丽

副主编　陈景龙　王　峰

西安交通大学出版社
XI'AN JIAOTONG UNIVERSITY PRESS

图书在版编目(CIP)数据

虚实结合机械系统故障诊断实验教程 / 王保建,张
小丽主编. — 西安：西安交通大学出版社,2023.10
ISBN 978-7-5693-3243-8

Ⅰ.①虚… Ⅱ.①王…②张… Ⅲ.①机械工程—故
障诊断-实验-教材 Ⅳ.①TH17-33

中国国家版本馆 CIP 数据核字(2023)第 101196 号

书　　名	虚实结合机械系统故障诊断实验教程	
	XUSHI JIEHE JIXIE XITONG GUZHANG ZHENDUAN SHIYAN JIAOCHENG	
主　　编	王保建　张小丽	
责任编辑	郭鹏飞	
责任校对	魏　萍	

出版发行　西安交通大学出版社
　　　　　(西安市兴庆南路 1 号　邮政编码 710048)
网　　址　http://www.xjtupress.com
电　　话　(029)82668357　82667874(市场营销中心)
　　　　　(029)82668315(总编办)
传　　真　(029)82668280
印　　刷　西安日报社印务中心

开　　本　787 mm×1092 mm　1/16　**印张**　11.75　**字数**　271 千字
版次印次　2023 年 10 月第 1 版　　2023 年 10 月第 1 次印刷
书　　号　ISBN 978-7-5693-3243-8
定　　价　35.00 元

如发现印装质量问题,请与本社市场营销中心联系。
订购热线:(029)82665248　(029)82667874
投稿热线:(029)82669097　QQ:21645470
读者信箱:21645470@qq.com

前　言

　　目前无论是工业生产还是人们的吃穿住行都离不开机械装备,机械重大装备故障的发生不仅会造成人员伤亡,还会造成巨大的财产损失。为了追求一个更安全、更健康的和谐社会,世界上很多国家都把确保机械装备安全服役的科学技术作为 21 世纪优先发展的领域之一。据统计:美国企业 2009 年的维修费用约为 2 万亿美元,其中 1/3～1/2 的维修费用是由于使用不合理而被浪费的,日本实施故障诊断技术后减少了约 75％的事故,降低了 25％～50％的维修费用,英国 2000 个工厂采用故障诊断技术后维修费用每年可节约 3 亿英镑,我国化工系统 30 万吨合成氨厂采用机械状态监测与故障诊断技术后,维修期限由过去的45 天维修一次改为 3 年两修,检修费用由过去工厂年产值的 15％降低到工厂年产值的 10％。由此可见,开展机械状态监测与故障诊断技术研究不仅可以避免恶性事故的发生,而且对于确保机械重大装备的安全服役具有重要的社会意义和经济价值。因此,国家中长期科学和技术发展规划纲要(2006—2020 年)和国家自然科学基金委机械工程学科发展战略报告(2011—2020 年)均将"重大产品和重大设施的可靠性、安全性、可维护性技术"列为未来重要的研究方向。从上面的分析可以看出设备故障诊断技术在保证设备的安全可靠运行以及获取很大的经济效益和社会效益上效果显著。

　　而科学研究的基础是人才的培养,要培养一大批理论知识扎实,动手能力强的故障诊断领域的后备军,就需要大面积开展机械系统故障诊断课程的教学。为了提高故障诊断教学的质量,除了传统的理论授课外,还需要直观地给学生演示各类故障的信号类型、信号处理方法及典型故障特征。除了在实验室的专业故障模拟试验台上实际动手做实验外,一些专业的故障模拟仿真系统也可作为有效的教学手段。

　　机械系统故障诊断是一门专业课,课程全面、系统、深入地介绍了机械系统与装备状态监测与故障诊断的理论、方法和技术,通过课程的学习,旨在使学生理解和掌握机械监测诊断领域的基本理论和方法,同时该课程是一门涉及多学科知识的课程。一些非线性时变信号现实中难以模拟,信号处理方法理论晦涩抽象,实际工程信号噪声大难以处理,所以传统的单纯理论授课效果欠佳。

　　实验教学是高等工科教育中一个重要的实践性教学环节,它对学生加深理论知识理解和应用、树立工程意识、培养实践技能和提高创新能力有着不可替代的作用。传统的实验课程教学中，理论课讲完就进实验室做实验，学员在进入实物实验室之前，头脑中只有抽象的理论知识，缺乏对知识的理解和应用，造成理论和实践的脱节。进入实验室后感到无从下手，而如果指导教师给予太多的指导甚至提供完整的实验步骤，学生还是机械地按照步骤操作，操作不熟练，效率低，实验质量难以保证。

计算机仿真作为一种研究、实验和培训手段，具有很好的经济性和实用性，它是以计算机作为载体、应用先进的专业仿真软件，在虚拟条件下对实际物理过程、具体信息表现、信息处理过程及结果进行仿真。虚拟仿真实验有传统实物实验不可比拟的优点：虚拟实验本质上就是一个应用软件，所以虚拟实验不受场地、仪器设备数量的限制，学生做实验不再局限于实验室，可根据个人时间、兴趣自主进行实验，虚拟实验不消耗实际设备器材，不存在设备的损坏，学生可以重复进行实验，有效解决了目前实践教学设备套数不足、实验耗材多的问题。

虚拟实验有很多优点，但虚拟实验不能代替实物实验，实验教学的目的不仅是帮助学生理解理论知识及其应用，更重要的是要培养学生的动手能力，积累实验操作经验和掌握实验研究方法，所以动手能力的培养还是离不开实物实验的训练，创新思想更是需要实践去验证。另外虚拟实验都是在理想情况下的一些规律和理论的仿真，但实际工程和实验中可能出现一些随机的异常现象和故障，学生在解决这些问题的过程中才能更好地去锻炼动手能力、积累实践经验、养成正确的思维习惯。

所以，人们近几年提出了虚实结合的教学模式，"虚"是手段，"实"是目的，虚实并存，优势互补。虚拟实验可以在理论教学和实物实验之间建立一座桥梁，起着过渡作用，虚拟实验可以对抽象的概念、理论进行形象化的展示，可以作为教师课堂讲解的手段，同时虚拟实验让每个学员都有独立思考和操作的机会，让学生熟悉设备操作、了解设备功能和工作原理、数据处理方法、典型结果等，为实物实验做好准备。虚拟实验可以看成一种新型的实物实验指导资料，为实物实验提供了支持，保证实物实验教学的质量和效果，真正培养学生解决实际问题的能力，实现培养学生综合素质的教育目标。

本教材基于虚实结合的教学理念，系统地阐述机械系统故障诊断基本理论、常用信号处理方法、通用机械（转子系统、轴承系统、齿轮系统）虚实结合的实验模式。本教材介绍了作者所在课题组自行开发的转子、轴承、齿轮系统故障模拟仿真系统，通过该系统可以直观地给学生演示各类故障信号、故障发生及发展整个过程、故障特征的基本原理、信号处理过程及结果等。该仿真系统在教师讲解理论课时可以作为一个有效的教学手段，对故障类型、信号特征等知识点对着仿真系统的动画及仿真信号可以让学生很直观地进行了解。学生下课后可以在机房或者自己电脑上随时在该仿真系统上对课堂上讲解的内容进行虚拟信号的仿真、信号处理及提取故障特征等学习，为高效的实物实验做理论和方法上的准备，虚实结合的教学模式为机械系统故障诊断相关课程提供了高质量实验教学新范式。

本书最大的特色是详细介绍了由本课程团队开发的转子故障模拟仿真系统、轴承故障模拟仿真系统和齿轮故障模拟仿真系统，以及对应的实物实验平台及虚实结合的教学模式，响应了教育部虚拟仿真实验项目建设，开创了机械系统故障诊断教学新模式。所开发的虚拟仿真系统有如下显著特色：

（1）将测试技术、信号处理技术及故障诊断知识以动画、图形等简单易懂的形式展现出来，便于学生理解。

（2）仿真信号按照轴承、齿轮实际物理模型进行仿真，仿真信号不是简单的几个信号的叠加，每个信号会根据实物的动力学模型来计算其输出响应信号，和实际信号更为接近，信号处理方式和手段和实际信号更为一致。

（3）仿真信号和实际信号一体，系统既可以使用系统仿真出来的信号进行信号特征、信号处理、信号分析的学习，同时也可以很方便地切换到使用实际采集到的信号进行学习。

（4）教学与应用一体，本系统既可以作为教师的一个课件，在讲授相关理论知识时配合图表和仿真演示动画让学生更容易理解理论知识，同时也可作为一个单独实验，学生在机房或者自己电脑上可以随时学习，为下一步实物实验提供知识和方法的支撑，同时可以作为一个专业故障诊断软件，用本系统信号处理模块对实际采集的信号进行分析处理，判断设备是否有故障及定位故障。

（5）混编式编程，系统软件开发平台采用目前最流行的 LabVIEW＋MATLAB 混编式编程，利用 LabVIEW 优秀的前面板资源及简单的后台程序实现软件界面的美观和人性化及信号的简单处理，MATLAB 拥有强大的信号处理功能，负责信号的高级处理，比如 EMD 分析。LabVIEW＋MATLAB 混编式编程既保证了系统作为一个软件的美观及人机环境友好，同时加深了本系统信号处理的高度和深度。

本教材以转子系统、轴承、齿轮三大传动部件为载体，详细阐述基于虚实结合的机械系统故障诊断实验项目、教学模式、信号处理等内容。第 1 章简单介绍机械系统故障诊断基本理论和发展现状，第 2 章阐述信号处理基本理论及应用案例，第 3 章介绍转子系统虚实结合故障诊断实验项目及典型实验结果，第 4 章介绍滚动轴承虚实结合故障诊断实验项目及典型实验结果，第 5 章介绍齿轮传动系统虚实结合故障诊断实验项目及典型实验结果，第 6 章介绍航空高速轴承智能定量故障诊断技术及实验内容。第 1 章和第 2 章由张小丽编写，第 3 章、第 4 章、第 5 章、第 6 章由王保建编写，王延启对全文文字进行校对。本教材得到了课程组訾艳阳教授、陈雪峰教授、陈景龙教授、王琇峰副教授的理论指导。在此一并感谢。

作者

2022 年 10 月

目　　录

机械系统故障诊断发展现状和基本理论

第1章

1.1 机械故障诊断背景与研究意义

　　机械装备制造业是国家综合国力和国防实力的重要体现,机械重大装备作为机械装备制造业的核心工具和主要资源,是国民经济和工业发展的基础,典型如航空发动机、火箭、高铁、大型汽轮机、高速机床等都是我国装备制造业水平和实力的体现,机械重大装备支撑着我国现代国防、航空航天等国家核心竞争力的发展,就像一颗颗闪耀的珍珠镶嵌在我国科技进步与文明发展的皇冠之上,映射出社会主义现代化建设的辉煌与繁荣[1-2]。

　　然而,科技是一把双刃剑,机械重大装备有其固定的寿命,运行过程中必然会经历性能衰退、突发故障甚至解体失效。机械装备总体发展趋势是复杂化、精密化、高速化和智能化,同时设备结构更加复杂、服役环境更加恶劣,导致了当代大型装备故障易发及多发[3]。

　　航空发动机是一种高度复杂和精密的热力机械,被誉为工业"皇冠上的明珠",是飞行器的"心脏",历来是世界军事科技强国优先发展、高度垄断、严密封锁的技术。自1903年莱特兄弟首次飞上蓝天,实现了人类飞翔的梦想,至今已一百二十年,飞机及航空发动机技术得到了日新月异的发展,飞机结构从最初木质骨架和蒙布发展到如今的钛镁合金及复合材料结构,航空发动机从最早的活塞式发动机到现在的涡轮燃气喷气式发动机,飞机已经成为人类出行的重要交通工具,也是各国国防的重要战略装备。

　　航空发动机结构复杂,并在高温、高压、高转速条件下长期反复使用,诸如转子裂纹、轴承损伤、动静碰摩等各类故障是影响航空发动机运行可靠性和安全性的重大隐患。据美国空军材料试验室统计:由机械原因导致的飞行事故中,超过40%的飞行事故与航空发动机有关;在航空发动机事故中,属于发动机转子(包括转轴、轴承、轮盘和叶片等旋转部件)的故障破坏超过74%。民航也时有发动机故障发生,据民航局官网2020年6月8日发布的《2019年民航行业发展统计公报》可知,2019年,运输航空百万架次重大事故率十年滚动值世界平均水平为0.292[5],虽然重大事故率很低,但是一旦发生重大故障将严重危害人民的生命和财产安全。

　　目前,我国航空发动机的翻修期是美国航空发动机的一半,总寿命仅是美国发动机的1/4。例如歼十动力的翻修寿命为300飞行小时、总寿命900飞行小时。而美国第三代涡扇发动机 F100 和 F110 的翻修期是我国的 3 倍左右,总飞行小时在 2000～4000。可见,故障率高、可靠性低和寿命短是制约我国航空发动机国际竞争力和影响力的瓶颈,也是我国实现由制造大国向制造强国转变的关键,是学术界和工程界非常关注并期待解决的难题。

不仅是代表人类先进技术和文明的飞机会发生故障甚至事故,与人类生产、生活息息相关的轨道交通设备、风电设备、核电设备等各类机械重大装备也都会发生故障,对人类的正常生产生活造成极大困扰。

发达国家都把确保机械装备运行安全和合理的维修策略的智能运维技术作为 21 世纪优先发展的领域之一。为了保证我国重大装备可靠运行,降低维修费用,《国家中长期科学和技术发展规划纲要》将包括航空发动机在内的重大产品和重大设施的可靠性、安全性、可维护性等关键技术列为重要的研究方向,同时指出:进行人工智能研究,形成具有知识丰富、推理正确、判断准确、预示合理、结论可靠的设备智能诊断与预示功能的实用技术,实现合理、可靠的服役设备安全评估是机械故障诊断领域未来的一个重要的研究方向[12-13]。

1.2 机械装备状态监测与故障诊断技术的发展历程

人类很早就利用敲击陶瓷等物品发出声音来判断物品内部是否存在裂纹或者缺陷,这就是状态监测与故障诊断的雏形。故障诊断理念真正发展起来是在 18 世纪末至 19 世纪初第一次工业革命期间。蒸汽机的发明把人类带入了工业文明时代,蒸汽机车是人类工业文明的第一颗璀璨的明珠,其带领人类进入了现代文明的快车道。蒸汽机车及铁轨作为当时的大型设备就需要进行检测及维修,有经验的工程师和巡检员就用榔头敲击车厢弹簧和铁路轨道,凭它发出的声音来判断有无裂纹。总结人类开展故障诊断技术的研究历程,总体可以分为三个历史阶段:手工诊断阶段、近代仪表诊断阶段、现代基于传感器和计算机技术的诊断阶段,而现代基于传感器和计算机的故障诊断正在向着集大数据、人工智能等技术于一体的智能运维方向发展,和故障诊断技术相对应的维修策略主要分为事后维修、定期维修、视情维修,图 1.1 为故障诊断技术整体发展历程和维修策略的对应关系[1]。

1. 手工诊断阶段

18 世纪末至 19 世纪初,第一次工业革命促进了故障诊断理念的产生和发展。为了检测蒸汽机车的弹簧、轮子及轨道是否有裂纹,就需要工作人员观察或者用锤子敲打铁轨,听其声音来判断故障。这个阶段主要依靠工程师的经验和使用简易工具凭眼睛、耳朵、手、鼻子等感官进行故障诊断,如果发现有问题的零部件就会进行修复或更换。此时的维修技术以手工作业为主,因而手工诊断阶段对应的维修策略主要为"事后维修",就是发现有故障了再进行维修。因为以前的设备大多数采用皮带、齿轮传动,结构比较简单,设计余量也较大,设备故障所造成经济、安全方面的后果也远没有现在严重,维修对工人的技能要求也较低,所以事后维修能够满足当时生产的需要。然而随着工业的发展,"事后维修"策略就出现一些明显的缺点,如一个机械部件的故障通常容易引发相关机械部件的故障,进而造成重大灾难;停机维修时间长造成极大的经济损失。

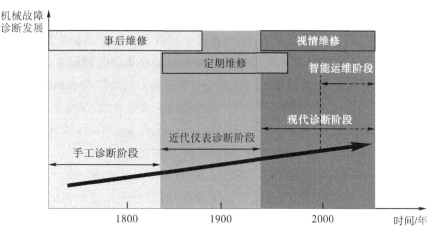

图 1.1　故障诊断技术整体发展历程和维修策略

2. 近代仪表诊断阶段

19 世纪中后期,以发电机为代表的第二次工业革命涌现出了层出不穷的新技术、新发明,相关技术被快速应用于各种工业生产领域,促进了经济的进一步发展,人类进入了电气时代[14]。工业技术快速发展,机械装备的技术复杂性也随之提高,为了保证机械装备可靠运行,人们发明了大量的仪器仪表,故障诊断技术也进入近代仪表诊断阶段。人们通过各种机械式、压力式、电阻电容式仪表来监测设备或者整个系统的运行状态。

随着科技的进步,设备机械化、电气化程度不断提高,机械装备结构更加复杂,流水线生产方式逐渐普及,在流水线生产中,某个零件发生故障就可能造成设备甚至整个系统停产,为正常生产带来极大隐患,所以传统的事后维修就满足不了生产的发展了。为了使生产不致中断,美国在 20 世纪初首先实行预防性的定期维修策略,即有计划地在设备运行一定时间或周期后对设备进行整体分解检查,维修技术主要以通过机械加工修复原件为主,更换备件为辅,以预防故障的发生,防患于未然。这种维修策略称为"定期维修","定期维修"在减少故障和事故,减少意外停机损失,提高生产效益方面明显优于传统的事后维修,符合当时工业和社会发展需求。因此各行各业都逐渐采用了定期维修策略,定期维修策略在设备维修中占据了主导地位,我国从第一个五年计划开始,各大型企业就开始制定计划预防维修体制。

定期维修策略主要依据设备的运行时间,是根据设备关键零部件的寿命规律,预先确定修理内容、修理时间,所需的备件材料等,因此可作较长时间的安排。定期维修的缺点归纳起来主要是"维修不足"和"维修过度"。由于机械设备在运行中产生的故障具有随机性,很多设备及零部件难以完全按照规定寿命曲线正常使用,而定期维修只把时间作为维修依据,没有考虑与时间没有直接关系的突发故障等,所以定期维修体系下依然会发生一些重大故障,进而引发灾难性后果,这就是"维修不足";定期维修每次大修都需要全线停机,对所有零部件包括无故障零部件进行拆卸、检查及维护,除了造成人力和物力的浪费外,还容易因为装配误差等带入新的故障,这就是"维修过度"现象。

3. 现代基于传感器和计算机技术的诊断阶段

20 世纪 60 年代,随着计算机技术、传感器技术及信号分析技术的发展,现代机械故障诊断技术才真正意义上发展起来。现代机械故障诊断技术是集机械设备状态监测、故障诊断和寿命预测为一体的技术,是保障机械设备安全运行的一门科学技术和新兴学科[15-16]。

20 世纪 60 年代,美国执行"阿波罗计划"中出现的一系列事故,促使美国于 1967 年成立了"机械故障预防小组(mechanical fault prevention group, MFPG)",拉开了现代故障诊断技术研究的帷幕,也开启了机械重大装备"视情维修"策略的发展。

与传统的"事后维修"和"定期维修"不同,"视情维修"是建立在系统准确状态评估的基础上,只有维修真正需要的时候才进行。"视情维修"通过先进传感和测试技术获取装备实时运行信号,通过各种信号处理方法和模式识别技术得到设备的健康状态,进一步可以预测设备运行状态发展趋势,合理安排维修时间和内容。状态监测、数据处理与信息分析、模式识别及寿命预测构成了这一阶段故障诊断技术的主要内容。直到今天信号分析、故障模式识别及寿命预测仍是行业内研究的热点。由于"视情维修"是在完全掌握设备运行状态的前提下进行的维修策略,可以有效预防大型灾难发生,减少设备拆装次数,降低劳动力需求与附加损伤率,降低维修费用,也更符合企业生产需求,所以"视情维修"也正逐步占据各行业维修策略的主导地位。

4. 智能运维阶段

现代故障诊断技术不断发展,21 世纪初人工智能技术取得重大突破,专家系统、支持向量机、信息融合、互联网、大数据、深度学习等新理论和新技术的发展促使了高端装备故障诊断技术向智能运维方向发展。

智能运维是利用重大装备或工业系统中产生的各种数据,进行信号处理和数据分析,提取出有用的特征信息,通过采取某一概率预测模型,基于设备当前运行信息,实现对装备未来健康状况的有效估计,利用决策目标(维修成本、传统可靠性和运行可靠性等)和决策变量(维修间隔和维修等级等)之间的关系建立维修决策模型,实现对机械重大装备的健康状态监测、预测和维修管理的系统性工程[17]。智能运维的最终目标是实现机器的自判自决,这是一个全新的技术领域,可以预见随着智能运维相关技术的研究和发展,其必将成为未来设备管理领域中不可或缺的一环,支撑大型装备进一步发展。

目前,以智能运维为核心的健康管理(PHM)系统作为智能运维技术的典型代表近几年受到了各国及世界军事强国的关注,也正在引领全球范围内新一轮军事维修保障体制的变革。以 PHM 技术为代表的智能运维作为实现装备视情维修、自主式保障等新思想、新方案的关键技术,对于机械重大装备制定合理的运营计划、维修计划、保障计划,以最大限度地减少突发故障、减少经济损失,具有急迫的现实需求和经济价值。

1.3   机械装备状态监测与故障诊断技术的研究现状

机械故障诊断技术对于国民生产生活顺利进行、降低企业生产维护成本、促进机械重大装备行业快速发展都有着积极的意义。从第一次工业革命起,各工业国家就开始开展机械状态监测与故障诊断技术的相关研究和积累,现代机械系统故障诊断技术是从 20 世纪 60 年代快速发展起来的。

美国是最早研究现代故障诊断技术的国家,20 世纪 60 年代,美国第一个建立了"机械故障预防小组",研制出"飞机发动机状态监测诊断系统(TRENOS)",波音公司当时就在其生产的系列飞机上大量装备了飞机状态管理(AHM)系统,并因此提高了飞行安全和航班运营效率。英国随后成立了英国机器保健中心,在故障诊断技术开发方面做了大量且有成效的研究,在汽车、飞机发动机监测诊断方面获得成功应用。20 世纪 70 年代,日本也开始了现代故障诊断技术研究,1976 年新日铁公司开始在铁路上应用故障诊断技术,日本在参考欧美国家研究成果的基础上,结合本国的实际情况,创建了特色的全民生产维修制度(TPM),经过长期的研究与发展,TPM 已在日本企业中得到广泛应用。

20 世纪 70 年代,我国开始故障诊断及状态监测技术研究,高金吉院士 1979 年在国内率先开发应用设备诊断技术,自主研发基于工业互联网的数采系统和故障诊断专家系统,对两千余台关键机组实时监测诊断[18];西安交通大学屈梁生院士提出了全息谱诊断技术,并用于大型旋转机械状态监测,也广泛应用于电力、化工等大型装备监测[19];何正嘉等提出了基于小波有限元的转子裂纹定量诊断方法,该技术利用小波有限元建立了裂纹位置、裂纹深度与裂纹结构的小波有限元模型,可以定量诊断出裂纹位置与裂纹深度[20-22]。陈予恕院士团队在故障诊断机理及故障动力学方面也做了大量卓有成效的研究[23-25]。

机械故障诊断学是研究机器或机组运行状态的技术学科,现代机械故障诊断是借助机械、力学、传感、计算机、信号处理、人工智能等学科方面的技术对连续运行机械设备的状态和故障进行监测、诊断的一门现代化科学技术,其主要内容包括数据采集、信号分析及特征提取、故障诊断及模式识别、寿命预测,除了以上四点之外,故障机理及动力学承担着数据和特征之间的联系,是故障诊断技术深入科学发展的基石。

1.3.1　故障机理研究

机械故障机理研究主要是从机械运动学和动力学的角度,通过研究对象的物理特点,建立相应数学力学模型;然后通过仿真研究获得其响应特征,再结合试验修正模型,准确获知某一故障的表征[26]。故障机理的研究内容是故障信号与设备系统参数之间的规律,其目的是了解设备故障内在本质及其特征,进而建立合理的故障模式,是机械故障诊断的基础[17]。常见的机械系统故障主要针对传动三大部件:转子系统、轴承系统及齿轮系统,转子系统常见故障包括转子不平衡、不对中、碰磨及油膜涡动等故障类型;轴承常见故障为剥落、压痕、磨损、裂纹等故障类型;齿轮常见故障为齿面磨损、齿面胶合与擦伤、齿面接触疲劳、弯曲疲劳与断齿。

国外学者进行故障机理研究较早,早在 1968 年苏瑞(Sohre)发表论文对旋转机械的典型故障特征和故障机理进行了全面的描述和归纳[27];1977 年,苏瑞对涡轮机组故障模式进行了机理研究,提出了涡轮机组常见的 9 类故障,并提出相应的维修策略,应用在涡轮机及其他相近行业中[28];1984 年英国的梅耶斯进行了含有横向裂纹的多转子-轴承系统的响应分析,利用了标准的转子动力学计算机程序给出了一种基于有限元的梁理论中裂纹建模所需截面直径减小量的近似估计方法,提出了一种求解一般系统运动方程的方法,该方法使用简单,在实际应用中得到了可接受的结果[29];1999 年,美国宾夕法尼亚大学的贝格等在维护与可靠性国际会议中发表文章,阐述了机械动力的旋转部件的机械故障演化研究,采用有限单元法对齿轮箱驱动转子/轴承基础系统进行动力学建模,并强调了它与诊断和预测的相关性[30];2008 年希腊佩特雷大学帕帕多普洛斯(Papadopoulos)建立转子裂纹的应变能释放方法,结合线性断裂力学和旋翼动力学理论,将应变能释放率(SERR)理论应用于旋转裂纹,得到了较好的结果[31];2019 年 JIN 等为了快速、准确地分析复杂双转子-轴承系统的动力学特性,将分量模态综合法和正交分解技术相结合,提出了一种两级模型降阶方法,采用 CMS 方法对原系统进行了高精度的双转子一级降阶模型求解,得到模式扩展的二级 ROM 和直接的二级 ROM[32];2020 年坎迪尔(Kandil)导出了 16 级转子主动磁轴承系统在常刚度系数下横向振动的非线性动力学方程,利用渐近分析得到了四个描述所考虑系统振荡幅值及其相位角的非线性自治一阶微分方程[33];2021 年 LIU 等学者研究了人字槽气体轴承支承刚性转子的非线性行为,采用二维窄槽理论对 HGJBs 进行建模,将转子运动方程与轴承雷诺数方程耦合,建立了一套完整的转子-轴承状态方程[34];2021 年拉赫穆纳(Rahmoune)等采用外部输入 NARX 的动态非线性自回归方法对汽轮机的系统动力学进行辨识,开发了一种基于人工神经网络工具的监控系统[35]。

早在 1984 年,国内南华动力机械研究所的欧园霞等人就采用有限元素法分析转子-轴承系统的动力学问题,给出了模拟转子-轴承系统的动力分析程序,用该程序能计算任何复杂转子系统在各种进动状态下的进动频率,并由计算机自动绘制相应的振型曲线[36];2002 年陈予恕等采用多尺度法研究了滑动轴承刚性平衡转子系统临界点的稳定性,给出了通用的公式和程序,用于滑动轴承的非线性动力学设计及性能预测[37];刘长利等于 2003 年利用求解非线性动力系统周期解,提出了转子偏心、碰摩间隙等参数对系统动力学行为的影响,为转子轴承系统故障诊断、振动控制及稳定运行提供了理论参考[38];2005 年刘献栋等针对滚动轴承转子系统支承松动故障以转子动力学、Hertz 接触理论和非线性动力学理论为基础,建立了转子系统的动力学模型,得到松动故障和无故障情况下轴承座上的振动仿真信号[39];2016 年东北大学刘杨等应用非线性短轴承油膜力模型、松动刚度模型及 Hertz 接触理论建立转子-滑动轴承系统双盘松动-碰摩耦合故障的动力学模型,并提出了对应的故障特征信号[40];2019 年张宇超等使用 SolidWorks 和 ADAMS 软件联合建立了深沟球轴承-转子系统的多体动力学仿真模型,得出在相同条件下滚动体数量越多滚动体半径越接近内外沟道曲率半径的较小值,转子振幅越小的结论[41];2020 年,海军工程大学的李彬等针对叶片振动对转子-轴承系统动力学特性影响,建立了阿尔福德(Alford)力作用下叶片弯曲振动的系统动力学模型,采用 Runge-Kutta 法对非线性振动微分方程进行数值求解[42];近几年,大量学者都在进行转子、轴承、齿轮及其耦合情况下的故障特征及动力学方面的研究[43-46]。

在故障机理研究方面,特定设备全面的故障数据样本难以完整获得,通过机理研究,可以对系统整体故障模式及响应信号进行有效预知和识别[17]。然而目前行业中对机械故障机理研究有欠缺,一方面因为故障机理研究通常需要涉及数学、力学、计算机等学科的综合知识,研究难度较大;另一方面机理研究需要结合大量的试验进行验证,而试验验证所需的模型合理、故障典型、精度保证和数据可靠的试验台也需要大量的资源及时间投入。目前,业界针对单一故障的机理研究已取得比较成熟的研究成果及工程应用,然而在实际工程中,往往是多个故障耦合在一起,而目前对多个故障耦合的机理研究由于以上两点原因,进展较为缓慢,同时业界主要针对旋转机械进行故障机理研究,针对非旋转机械及其他专用机械故障机理的研究偏少[47]。

1.3.2　机械装备运行状态信息获取技术研究

信息获取是故障诊断的基础,只有获取到准确可靠的数据才可以对设备进行正确诊断,否则故障诊断就是空中楼阁。最早的铁路工人敲击铁轨就是为了获取声音信号,根据获得的信号来判断铁轨是否有裂纹。运行状态信息获取技术是通过一定的装置来获取被监测的物理对象运行过程中所产生的有用数据的技术。

对于现代机械系统故障诊断技术来说,获取可靠的运行状态数据更是机械设备故障诊断的基石,没有有效的数据,现代故障诊断就是无源之水。所以保障机械重大装备监测与诊断的核心问题之一是如何全面地掌握运行过程中装备的状态信息,以为故障诊断及健康管理提供数据。

一直以来,各国学者都致力于信息获取技术及传感技术的研究。早在 1970 年科拉塔耶(Kollataj)就研究了热电偶补偿技术,并可以直接数字化读出温度数据[48];2008 年阿尔沙克(Arshak)等研究出用于医疗压力监测的低功耗无线智能数据采集系统[49];2014 年德国柏林工业大学的芬克(Funck)等概述了无线传感器网络中时间同步采样的不同方法,并通过实验比较不同方法获取的信号在频率误差方面的信号质量[50];2017 年意大利那不勒斯大学的赛格雷托(Segreto)用振动传感器在线监测镍钛合金车削加工性能[51];2020 年加拿大莱克海德大学的舒克拉(Shukla)等开发了一个从智能传感器为基础的轴承振动数据在线监测和故障检测系统,并证明了其有效性[52];我国早在 1979 年就有文献研究加速度传感器、压力传感器及温度传感器及其在信号获取上的应用[53-54];1980 年赫吉(Heggie)和夏健初等人利用冷塑变形研制了记录柴油机喷油压力-时间曲线的外接式传感器,并将其用于柴油机故障诊断中[55];1988 年乐海南将声发射传感器用于汽轮机故障诊断,取得较好效果[56];1999 年哈尔滨工程大学夏虹等采用多传感器融合的新方法对机械设备进行故障诊断,取得良好结果[57];2016 年徐留根等利用工业 CT 技术对某型航空发动机数控系统的总温传感器故障件进行了检测,效果突出[58];2017 年哈尔滨工业大学刘娇等对燃气轮机健康管理系统和性能监测诊断技术进行了综述,给出了我国燃气轮机性能监测诊断领域的发展建议[59];2018 年西安交通大学雷亚国等从信号获取、特征提取、故障识别与预测三个环节综述了机械智能故障诊断的国内外研究进展和发展动态,讨论了应对这些挑战的解决途径与发展趋势[60];2019 年上海电器科学研究所王建辉等提出了一种基于工业互联网和多传感器数据的电机故障诊断方法,该方法通过各类传感器在线实时得到电机的电压、电流、振动、温度等信号的瞬时值,并转化为表征电机状态的各个特征参数,从而实现了快速又可靠的电机故障诊断[61];2020 年,颜云华等提出一种支持向量机分类器和 DS 证据理论相结合的多传感器信息融合方法,并用于列车转向架故障诊断中,实验结果表明该方法能够获得比单一传感器更高的分类准确率[62];兰州交通大学的殷红等以模态置信准则(MAC)为适应度函数,运用遗传算法(GA)寻优,实现传感器位置优化以更好地获取齿轮箱故障信号[63]。

在状态监测与故障诊断领域,各行各业都将振动加速度传感器、振动速度传感器、超声波传感器、声发射传感器、流量传感器、压力传感器等各种各样的传感器用于获取机械装备运行状态数据,为故障诊断及健康管理系统提供数据支撑。目前传感器行业仍在超高温传感器[64]、MEMS 传感器[65]、智能传感器[66]等方面进行深入研究;在数据传输技术上目前已经实现了基于 5G 通信技术的网络无线传输[67,68],随着计算机技术和传感器技术的进一步发展,状态监测及故障诊断领域将会获得更加可靠和全面的数据,为新一代智能运维技术提供数据保障。

1.3.3　信号分析与处理技术研究

人们通过传感器技术及数据通信存储技术获得机械装备各种各样的信号数据,该信号数据是整个设备及各个部件所产生的全部数据在测点的实际表现,传递路径造成的衰减混叠以及噪声的干扰更是增加了测点信号的杂乱度,其中有和设备运行状态相关的数据也有大量无关的数据,并且大部分早期故障信号都比较微弱,被掩埋在噪声数据中,想要得到反映机械设备运行状态的特征信息,就需要借助信号分析与处理技术,所以从原始信号中提取表征设备运行状态的数据是故障诊断的核心技术。

18 世纪,傅里叶(Fourier)提出的傅里叶变换打开了信号处理的大门,傅里叶变换算法可提取时间信号内部频率成分,更为直观地表示信号成分,后来库利和图基提出快速傅里叶变换(FFT)大大节省了计算时间,为实时在线状态监测及故障诊断提供重要的理论工具。现代信号处理方法大致分为时域、频域以及时频域处理方法,信号处理的方法从经典的 FFT 到更强大的小波变换及短时傅里叶变换再到自适应强的 EMD、稀疏分解、深度学习等,信号处理方法得到了长足的发展,也取得了很多成功的工程应用案例。

国外方面,2017 年巴西的席尔瓦等以机械复杂振动信号的全频谱为基础将基于模糊逻辑的故障诊断系统应用于某转子试验台的故障诊断中[69];2018 年德国的伊斯梅尔等利用 Savitzky-Golay (SG)微分器对加速度数据进行微分从而增强对滚珠进入剥落点入口和出口点的检测来估计剥落点尺寸大小,并对 24 种不同故障大小、速度和负载进行了合理的剥落尺寸估计[70];2019 年波兰学者斯蒂费尔、安娜等学者将两阶段贝叶斯方法和主成分分析相结合的方法用于感应电动机机电故障诊断,实验结果较好[71];2020 年,韩国的全(Jeon)等提出了一种基于卷积神经网络(CNN)结合图像梯度的转子轴承故障诊断系统,提高了诊断性能[72];贾赫德等基于遗传算法和粒子群算法对某型直升机主旋翼故障进行了诊断,结果较好[73]。国内在信号分析及处理技术上也做了大量研究工作,2014 年阳建龙等采用一种基于 EEMD-PCA-ICA 的自适应单入多出盲源分离法对转子系统故障进行了诊断,实验结果表明分离效果显著[74];2015 年罗毅等采用基于小波包与倒频谱分析的方法对风电机组齿轮箱齿轮裂纹进行诊断,该方法用小波包分解来识别振动信号中的故障特征,取得较好结果[75];2016 年马增强等通过峭度准则选取最大的分量进行 Teager 能量算子解调,实现滚动轴承故障的精确诊断[76]；2017 年重庆大学任浩等总结和讨论了深度学习在实现复杂工业系统故障诊断方面所面临的挑战，展望了深度学习在未来研究的方向[77]；司景萍等运用模糊神经网络的智能故障诊断系统对某型发动机进行了故障诊断实验，实验结果证明该方法的可行性[78]；2018 年，同济大学李恒等采用短时傅里叶变换和卷积神经网络相结合的方法对滚动轴承进行故障诊断，实验结果表明该方法对不同类型故障有着很高的识别精度同时鲁棒性很好[79]，重庆交通大学陈仁祥等提出了一种基于卷积神经网络（CNN）和离散小波变换（DWT）的滚动轴承故障诊断方法[80]，南京航空航天大学车畅畅在决策融合算法的基础上，提出了运用深度学习智能算法的航空发动机智能故障诊断方法[81]；2019 年，国防科技大学胡茑庆提出一种基于经验模态分解（Empirical mode decomposition，EMD）和深度卷积神经网络（Deep convolutional neural network，DCNN）的智能故障诊断方法，实现行星齿轮箱故障诊断智能化诊断[82]，西安交通大学雷亚国等提出机械装备故障的深度迁移诊断方法，该方法将实验室环境中积累的故障诊断知识迁移应用于工程实际装备，试验结果表明该方法能够运用实验室的相关数据和模型识别出机车轴承的健康状态[83]；2020 年国内学者在稀疏分解、深度学习、时域频域分析等信号分析和处理技术上持续进行了大量的研究[84-87]。

在故障诊断行业，人们已经提出了许多有效信号分析和处理方法，支撑了机械装备故障诊断的快速发展和实际工程运用，但是针对早期故障、微弱故障、复合故障等特殊但较为重要的故障模式，信号分析和处理方法还存在不足，可实际工程应用的方法较少，究其原因，在理论层面，经快速傅里叶变换得到的离散频谱，其频率、幅值和相位均可能产生一定的误差，工程层面，复杂机械设备复合故障和系统故障由于多因素耦合会导致信号变异，对单一故障有效的信号处理方法就难以取得好的效果，现存的很多理论和工程问题在一定程度上限制了故障诊断技术的大规模工程应用，还需要进行更深入的研究。

1.3.4　故障模式识别与智能决策研究

模式识别是指对表征事物或现象的各种形式的信息进行描述、辨认、分类和解释的过程，故障模式识别就是测量空间获得的信息或者特征空间的特征映射到故障空间的过程，我国机械故障诊断领域专家屈梁生院士也指出机械故障诊断技术的实质是机器运行状态的模式识别问题[88]。传统的故障模式识别通常根据数据处理获得的信号特征来判断，需要掌握故障诊断的专业技术和经过培训的专业人员来完成。近年来，计算机人工智能和机器学习技术的快速进步，专家系统、模糊集理论、人工神经网络、支持向量机、深度学习等技术得到广泛应用，使得故障诊断模式识别向智能化方向发展。

智能故障诊断是借助于计算机技术来模拟人类学习的过程，通过对相关信息进行学习，从而形成可以推测判断的模型，进而做出正确决策的过程。比较常用的有神经网络、专家系统和模糊理论等智能诊断方法。

传统的智能故障诊断方法一般需要大量的故障数据样本或先验信息，而在机械重大装备领域获取大量典型故障样本是非常困难的，一般只有小样本数据。例如神经网络是基于经验最小化原理，训练样本要求大，输入层、隐含层、输出层组合起来的神经元结构复杂，容易陷入局部极小及过学习问题，训练出来的模型泛化能力受限；模糊理论往往需要由先验知识人工确定隶属函数及模糊关系矩阵,专家系统诊断技术存在知识获取"瓶颈",缺乏有效的诊断知识表达方式,效率较低。为了克服传统方法的缺点,美国贝尔实验室的著名学者万普尼克提出了一种基于新的统计学习理论的机器学习算法——支持向量机[97-98],该理论基于统计学习理论,较系统地考虑了有限样本的情况,避免了传统统计学基于极限假设条件下考虑有限样本的矛盾,非常适合典型如故障诊断的小样本问题,目前大量学者对支持向量机在轴承[99-101]、齿轮[102-104]、机电设备[105]等机械装备故障诊断中的理论和应用进行了大量研究,取得了很多好的效果。

1.3.5 机械装备寿命预测技术研究

机械重大装备服役环境越来越恶劣,高速重载等工况导致在运行过程中机械零部件寿命逐步下降,因而正确预测机械重大装备距离失效的剩余寿命对保证设备安全运行、提高经济效益有很大的意义。机械重大装备寿命预测的概念就是在特定运行工况下,机器安全、经济运行的时间,也是目前设备健康管理系统中一个重要研究内容,可靠的寿命预测方法可以为企业制定最优的维修方案提供指导,从而降低维修费用,也可以预防灾难性事故的发生,保障人民的生命财产安全。

目前常用的寿命预测方法有基于可靠性模型的预测方法以及基于运行状态的预测方法。基于可靠性模型的寿命预测方法主要根据大量历史失效数据估计并预测设备或零部件平均失效时间和可靠运行概率等,常用的可靠性预测方法有多项式模型、指数模型、时序模型、回归模型等。2016 年,Lei 等采用指数模型预测机械设备的剩余寿命[106];2017 年,Ling等采用随机效应的伽马衰减模型预测设备的剩余寿命[107]。由于基于可靠性模型的预测方法需要积累大量的故障事件,预测结果通常只是以概率的形式从整体上表征机械设备的故障概率,预测结果通常与真实情况有较大误差。基于运行状态的预测方法主要通过建立广义的数学模型来描述系统的物理特性和失效模式,通过从监测的运行状态数据中学习推广一种智能模型,使其具备根据当前及历史运行状态数据预测未来运行状态及剩余寿命的能力。2001 年,Wang 建立了一种再生小波神经网络预测滚动轴承裂纹扩展[108],2007 年,Huang 等人通过自组织映射和后向传播神经网络预测了单列深沟球轴承的失效时间[109],2016 年 Satishkumar R 等人采用基于支持向量回归的方法估计了轴承的剩余使用寿命[110];2018 年 Rai A 等提出支持向量回归的轴承性能退化评估预测方法[111],取得较好效果。然而,机械装备寿命预测技术涉及力学、数学及人工智能等多学科技术,单台套设备运行工况复杂多变,准确可靠的寿命预测技术是目前行业研究难点,在工业领域应用还不是特别成熟,需要进行更加深入的研究。

1.4 机械设备故障诊断方法

1. 油液分析诊断

很多机械在实际运行中会出现不同程度的磨损,若是磨损时间较长会产生大量磨屑。以工程机械为例,其会通过悬浮状态停留在工作油液或者是润滑油中。现阶段,该项诊断技术常见类型为光谱以及铁谱分析技术,而且以上两类诊断技术均有广阔的使用空间。例如,铁谱分析一般运用于诊断发动机液压系统是否存在故障,由于运用较快诊断速度的光谱分析,因此主要应用较小磨屑粒径的机械磨损分析。

2. 振动监测诊断

基于现阶段机械故障诊断情况分析,这项技术属于我国机械故障诊断当中的新型技术,其主要指的是借助检测设备的有关特征与振动参数,针对机械运行状态进行分析。在机械运行过程中会产生振动,这些振动信号中就涵盖着精准的机械故障信息。有关技术人员在对机械运行进行检查时,需要重点关注振动信号,这主要是由于振动信号是机械运行状态的显著标志。例如工程机械部分,振动特征参数属于一项核心内容,其包含位移、加速度等。

3. 无损检测

该项技术是我国最常见的一种机械故障诊断技术,其针对机械零部件展开不具备破坏性的有效检测,进而找出机械存在的缺陷,确保机械能够正常有序运行。

4. 温度监测诊断

实际上温度同机械运行状态之间的关系十分密切。一方面温度是导致机械故障的主要原因,另一方面也属于一个表征故障的特征变量。以工程机械为例,其中的液压系统在实际运行过程中会出现高温,可如果温度过高则极易对零部件自身性能造成严重影响。基于此,在进行机械检查时,有关技术人员应依据该要素的变化对设备系统真实运行状态有效识别。通常,工程机械所处的工作环境相对恶劣,因此外界温度会直接对机械温度造成影响,技术人员需在检测中及时修正测量数据,防止温度所导致的测量误差。

5. 状态监测

对于开发监测系统,我国不仅进行大量研究而且也开发相关的仪器。例如离线监测,其所需要的检测硬件逐渐朝着小型化方向发展。因为笔记本电脑和便携机的进步,在此设备基础上的离线诊断和监测有所增多;同时便携式数据采集器监测系统也获得较好发展,比如IRD 公司的 IRD890 等。至于在线监测,现阶段的在线监测系统,主要是将 PC 作为开发基础,因为拥有开发周期短、性能价格比高等优势,得到国内外相关领域的重视。我国当前开发的部分以微机为基础的故障诊断和在线监测系统,均具备良好的数据处理、信号采集功能,尤其是诊断方法与分析手段更加多元化,广泛应用于我国很多企业。近些年市场中的各类监测系统,均能有效监测机械工况,在关键机械设备的可靠运行、防止恶性事故产生中发挥着重要作用,进一步提高了企业的经济以及社会效益。

1.5　机械设备故障智能诊断技术的发展趋势

1. 信息融合发展

在现代化科学技术快速发展的趋势下,人们对信号的获取方式也是各种各样,而在对机械设备的故障信号获取中,如何实现其特征信号的准确和及时获取是人们研究的重点。在对机械设备故障信号获取中,不仅需要借助信号采集和传递装置进行相应信号的获取和传输,且还需要通过信息融合的分析技术对此类信号进行有效处理,才能够更好地实现对机械设备的准确诊断。在对信号频谱的分析中,对信号处理需要实现信息融合发展,对傅里叶变换、小波变换等方式合理使用。通过傅里叶变换,能够在整个频域内对信号成分实现有效分析,但其不能同时对频域以及时域进行分析。小波变换能够同时对频域以及时域进行分析,特别擅长对故障信号的时间与频率方面的细节进行分析,实现对信号局部的特点进行突出表现。同时小波变换对非定常性瞬态变化的信号特性能够简单、有效分析,在实际的操作中并不需要借助数学模型就能够对信号进行稳定和迅速分析。基于小波变换,和神经网格以及分形理论结合,还可以进一步实现可靠故障信号的获取。

2. 智能化决策算法

我们还可以将人工智能的控制算法在机械设备故障判断决策中使用,如遗传算法和模糊控制等,随着对智能控制和机械设备的故障诊断关联不断深入研究,遗传算法和模糊控制等对故障诊断中的应用会更加有效,这也是未来研究的重点内容。将模糊理论应用在机械设备的故障诊断,只需进行合适隶属函数以及模糊矩阵的建立,就可以实现问题来源的准确获取;通过神经网格对故障判断进行决策,能够以分类、联想、自我组织等方法对繁杂信息进行准确处理;故障诊断中使用遗传算法,能够对多个问题同时处理,其在非线性问题和宽泛查找问题上呈现显著优势。

3. 网络化集成资源

在工业生产中,机械设备的故障诊断与监测需要和网络手段有效结合。在机械设备的故障诊断中,可以通过局域网对信号检测的设备和计算机实现连接,借助设备来对原始的信息数据实施接收、归纳和决策分析,且通过计算机的强大计算功能,来更加快速和准确地实现对故障的诊断和分析,为机械设备稳定运行提供保障。

4. 容错控制

对于容错控制来说,主要是当机械设备出现故障后,系统可以对故障自动剔除且能够对系统重新构建,尽管运行的性能有所下降,但仍满足需求。在系统容错控制中,功能拓展设计的方法是前提,如在对设备装置的设计中,系统内有自我补偿的结构,也就是设备构件可以实现自我的重建,或设备在运行中参数可以自我进行调节,为设备的稳定和安全运行提供保障。智能化容错控制的发展是工业自动化控制发展的主要趋势,在其发展中需要针对机械设备的自动化控制系统内自我故障的处理能力不断改进和优化。

总而言之,机械设备故障检测是一项繁琐复杂的工作,其涵盖了信息采集、提取、分析及处理的全过程,仅仅依靠人力操作很难完成,这恰恰说明了机械设备故障诊断技术的重要性。随着机械设备的日益精细化、复杂化,机械设备诊断技术也将变得越来越智能化。

1.6 转轴系统故障诊断

旋转机械故障诊断技术的发展,与可观的故障损失及设备维修费用密切相关,而旋转机械故障诊断的意义则是能有效降低故障损失和设备维修费用。具体可归纳如下几个方面:

（1）及时发现故障的早期征兆，以便采取相应的措施，避免、减缓、减少重大事故的发生。

（2）一旦发生故障，能自动记录故障过程的完整信息，以便事后进行故障原因分析，避免再次发生同类事故。

（3）通过对设备异常运行状态的分析，揭示故障的原因、程度、部位，为设备的在线调理、停机检修提供科学依据，延长运行周期，降低维修费用。

（4）可充分地了解设备性能，为改进设计、制造与维修水平提供有力证据。

旋转机械的主要功能是由旋转动作完成的，转轴是其主要的部件。转轴系统主要有转轴弯曲、转轴不对中和转轴裂纹等故障。这些旋转机械在工作过程中因转轴部分出现故障的情况屡见不鲜，并且一旦重要机械设备出现故障，所造成的损失会非常严重。因此，了解和掌握旋转机械在故障状态下的振动机理，对于监测机器的运行状态和提高诊断故障的准确度具有重要的理论意义和实际工程应用价值。

1. 转轴弯曲

转轴在制造、运输以及工作过程中由于材料本身的性质以及加工误差或刚度限制或多或少都有一些弯曲，如果弯曲程度过大则会造成较大的振动，也会引发不必要的故障。

当转轴弯曲时，产生的振动主要集中在轴向和径向两个方向上，振动的特征频率为二倍基频，振动幅值随转速变化较为明显，当负载发生变化时，振动的变化不明显，低速时振动幅值较大。

2. 转轴不对中

旋转机械轴系与轴系进行连接时一般选择联轴器进行连接，在连接过程中由于人为原因安装不当或者由于联轴器本身的问题等造成两相连轴系的轴线不在一条直线上的情况，就会造成振动加剧，造成工作中的机械故障，严重者可造成事故。理想的转轴对中情况是两相连轴系的轴线成一条直线，因此实际中有三种类型的轴系不对中，如图 1.2 所示。

(a)平行不对中 　　　　(b)偏角不对中 　　　　(c)偏角平行不对中

图 1.2 转轴不对中结构示意图

平行不对中的结构示意图如图 1.3 所示。

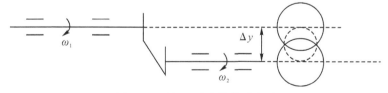

图 1.3 平行不对中结构示意图

如图 1.4 所示，当两根不对中转轴通过联轴器相连时，由于联轴器的中间齿套与半联轴器形成移动副，不能够相对转动，产生相对滑动，中间齿套的中心以径向位移 Δy 做圆周运动,A、B 分别为主、从动轴转子的中心投影,齿套中心为 K ,连接 AK 、BK ,AK 垂直于 BK ,设 AB 长度 Δy 为 L,K 点坐标为 $K(x,y)$,θ 为转动角度,对 K 点的位置进行分析:

$$\begin{cases} x=L\sin\theta\cos\theta=\dfrac{1}{2}L\sin(2\theta) \\ y=L\cos^2\theta-\dfrac{1}{2}L=\dfrac{1}{2}L(2\cos^2\theta-1)=\dfrac{1}{2}L\cos2\theta \end{cases} \quad (1-1)$$

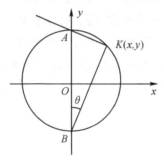

图 1.4　齿套转动分析

对 θ 求一阶导数有

$$\begin{cases} \mathrm{d}x=\cos(2\theta)\mathrm{d}\theta \\ \mathrm{d}y=-L\sin(2\theta)\mathrm{d}\theta \end{cases} \quad (1-2)$$

K 点的速度为

$$v_k=\sqrt{\left(\dfrac{\mathrm{d}x}{\mathrm{d}t}\right)^2+\left(\dfrac{\mathrm{d}y}{\mathrm{d}t}\right)^2}=L\dfrac{\mathrm{d}\theta}{\mathrm{d}t} \quad (1-3)$$

K 点的角速度为

$$\omega_K=2v_K/L=2\omega \quad (1-4)$$

由式(1-4)知,K 点角速度为转轴的两倍,转速越大,离心力越大,转子振动频率为基频的两倍。

偏角不对中的结构示意图如图 1.5 所示。

图 1.5　偏角不对中结构示意图

设 ω_1、ω_2 分别为主、从动轴的角速度,两轴之间的夹角为 α ,由于夹角的产生,二者之间的关系为

$$\omega_2=\omega_1\cos\alpha/(1-\sin^2\alpha\cos^2\varphi) \quad (1-5)$$

式中,φ 为主动轴转过的夹角。

从动轴转速变化范围为

$$\omega_1\cos\alpha\leqslant\omega_2\leqslant\omega_1/\cos\alpha \quad (1-6)$$

由以上分析知,转子转动一周会发生两次激振力的变化,引起转子振动的频率增大,偏角的角度越大,振动幅值越大。

3. 转轴裂纹

转轴被广泛地应用于工程领域,如汽车传动轴,减速器输入轴和发动机主轴等,由于长期的疲劳损伤,转轴极易产生裂纹缺陷。裂纹会随着转轴的旋转不断生长,容易导致严重的安全事故,造成巨大的经济损失和安全危害。因此需要及时对转轴的运行情况进行检测,排除裂纹故障隐患,确保转轴系统的安全运行。

裂纹转轴系统由裂纹转轴和两个圆盘组成。转轴与机座为刚性联接,转轴的支承用流动轴承。

转轴中产生横向裂纹后由于转轴自重的原因,当裂纹开口向下时裂纹张开,此时裂纹转轴的扭刚度取决于非圆截面的大小。当裂纹开口向上时裂纹闭合,由于裂纹面的凹凸不平,在摩擦力的作用下裂纹面相互啮合,类似于摩擦片离合器,使裂纹面保持部分传递转矩的功能,这时裂纹转子的扭转刚度由非圆截面和闭合的裂纹面共同确定。裂纹轴旋转一周,轴上的横向裂纹闭合循环一次,扭转刚度呈现周期性变化。

转轴裂纹将导致转轴系统参数扭振,这给诊断增添了一个重要信息来源,特别是重载荷和变载荷情况尤其突出。利用扭振信息监测裂纹故障的存在和发展,也有助于区别其他故障。

可以根据扭转转频二次分量的大小和变化来判别转轴是否存在参数扭振,从而对转轴的裂纹故障进行诊断。用相位法对转轴扭振进行检测和诊断,即在转轴系统上安装轴的裂纹故障进行诊断。两个(或一个)发信齿轮,用传感器拾取齿频谐波信号,滤去其中齿频的两次以上的谐波后得到分析需要的响应信号。当转轴系统产生扭振时,扭振信息以相位调制形式存在于谐波信号之中,形成调相信号。

1.7　轴承系统故障诊断基本原理

滚动轴承是机械设备中使用量最多的零件之一,也是最易损坏的零件。滚动轴承的工作状态非常复杂,转速为 2~3000 r/min,甚至更低或更高;承载方向有纯径向、纯轴向及混合方向等;运动形式有转动、摆动,在特殊场合还有直线运动。这些因素都将影响故障信号的测取方式。滚动轴承有着极其光滑、尺寸精密的滚道,因而早期故障的振动信号非常微弱,常常淹没在轴与齿轮的振动信号中,给故障诊断带来一定的困难[112-115]。

1.7.1　滚动轴承的失效形式

大多数极低速滚动轴承及摆动运动的滚动轴承的载荷都是重载,例如,炼钢转炉的耳轴轴承、连铸机头的钢包回转塔轴承。在载荷过重、热变形影响、突然的冲击载荷等因素的作用下,其损坏的主要形式是塑性变形和严重磨损[116-117]。转速较大的滚动轴承有更多的失效形式。

1. 滚动轴承的磨损失效

磨损是滚动轴承最常见的一种失效形式。在滚动轴承运转中,滚动体和套圈之间均存在滑动,这些滑动会引起零件接触面的磨损。尤其在轴承中侵入金属粉末、氧化物以及其他硬质颗粒时,则形成严重的磨料磨损,使磨损更为加剧。另外,由于振动和磨料的共同作用,对于处在非旋转状态的滚动轴承,会在套圈上形成与钢球节距相同的凹坑,即为摩擦腐蚀现象。如果轴承与座孔或轴颈配合太松,在运行中引起的相对运动,又会造成轴承座孔或轴径的磨损。当磨损量较大时,轴承便产生游隙噪声,使振动增大。

2. 滚动轴承的疲劳失效

在滚动轴承中,滚动体或套圈滚动表面由于接触载荷的反复作用,表层因反复的弹性变形而致冷作硬化,下层的材料应力与表层出现断层状分布,导致从表面下形成细小裂纹,随着以后的持续载荷运转,裂纹逐步发展到表面,致使材料表面的裂纹相互贯通,直至金属表层产生片状或点坑状剥落。轴承的这种失效形式称为疲劳失效。其主要原因是疲劳应力造成的,有时是由于润滑不良或强迫安装所引起的。随着滚动轴承的继续运转,损坏逐步增大。因为脱落的碎片被滚压在其余部分滚道上,并在相应位置造成局部超载荷而进一步使滚道损坏。轴承运转时,一旦发生疲劳剥落,其振动和噪声将急剧增大。

3. 滚动轴承的腐蚀失效

轴承零件表面的腐蚀分三种类型。一是化学腐蚀,当水、酸等进入轴承或者使用含酸的润滑剂时,都会产生这种腐蚀。二是电腐蚀,由于轴承表面间有较大电流通过使表面产生点蚀。三是微振腐蚀,为轴承套圈在机座座孔中或轴颈上的微小相对运动所致。结果使套圈表面产生红色或黑色的锈斑。轴承的腐蚀斑则是以后损坏的起点。

4. 滚动轴承的塑变失效

压痕主要是由于滚动轴承受载荷后,在滚动体和滚道接触处产生塑性变形。载荷过大时会在滚道表面形成塑性变形凹坑。另外,若装配不当,也会由于过载或撞击造成表面局部凹陷。或者由于装配敲击,而在滚道上造成压痕。

5. 滚动轴承的断裂失效

造成轴承零件的破断和裂纹的重要原因是运行时载荷过大、转速过高、润滑不良或装配不善而产生过大的热应力,也有的是由于磨削或热处理不当而导致的。

6. 滚动轴承的胶合失效

滑动接触的两个表面,一个表面上的金属黏附到另一个表面上的现象称为胶合。对于滚动轴承,当滚动体在保持架内被卡住或者润滑不足、速度过高造成摩擦热过大时,会使保持架的材料黏附到滚子上而形成胶合。其胶合状为螺旋形污斑状。还有的是由于安装的初间隙过小,热膨胀引起滚动体与内外圈挤压,致使在轴承的滚道中产生胶合和剥落。

1.7.2　滚动轴承的振动机理与信号特征

引起滚动轴承振动的因素很多。有与部件有关的振动,也有与制造质量有关的振动,还有与轴承装配以及工作状态有关的振动。所不同的是在滚动轴承运动状态下,出现随机性的机械故障时,运转所产生的随机振动的振幅相应增加,这是因为轴承表面劣化的部位也是随机的。通过对轴承振动的剖析,找出激励特点,并通过不同的检测分析方法的研究,从振动信号中,获取振源的可靠信息,用以进行滚动轴承的故障诊断[118-119]。

1. 轴承刚度变化引起的振动

当滚动轴承在恒定载荷下运转时,轴承和其结构决定了轴承系统内的载荷分布状况呈现周期性变化。如滚动体与外圈的接触点的变化,使系统的刚度参数形成周期变化,而且是一种对称周期变化,从而使其恢复力呈现非线性的特征。由此便产生了与刚度变化周期相应的多阶谐波振动。

此外,当滚动体处于载荷下非对称位置时,转轴的中心不仅有垂直方向的移动,而且还有水平方向的移动。这类参数的变化与运动都将引起轴承的振动,也就是随着轴的转动,滚动体通过径向载荷处产生激振力。

这样在滚动轴承运转时,由于刚度参数形成的周期变化和滚动体产生的激振力及系统存在非线性,便产生多次谐波振动并含有分谐波成分,不管滚动轴承正常与否,这种振动都要发生。

2. 由滚动轴承的运动副引起的振动

当轴承运转时,滚动体便在内外圈之间滚动。轴的滚动表面虽加工得非常平滑,但从微观来看,仍高低不平,特别是材料表面产生疲劳剥落时,高低不平的情况更为严重。滚动体在这些凹凸面上转动,则产生交变的激振力。所产生的振动,既是随机的,又含有滚动体的传输振动,其主要频率成分为滚动轴承的特征频率。

滚动轴承的特征频率(即接触激发的基频),完全可以根据轴承元件之间滚动接触的速度关系建立的方程求得。计算的特征频率值往往十分接近测量数值,所以在诊断前总是先算出这些值,作为诊断的依据。

如图 1.6 所示的角接触球轴承模型,内圈固定在轴上与轴一起旋转,外圈固定不动。

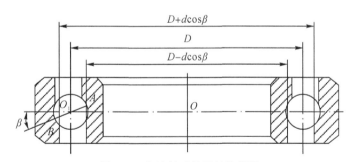

图 1.6　角接触球轴承结构简图

接触点 A、B 和滚动体中心 O_1 到轴中心 O 的距离从图中的简单几何关系可以得到,分别为 $(D+d\cos\beta)/2$、$(D-d\cos\beta)/2$、$D/2$。由此很容易求得几个特征频率,单位为 Hz。

(1)内圈旋转频率 f_1:

$$f_1=\frac{n}{60} \tag{1-7}$$

式中,n 为内圈转速(r/min)。

(2)保持架旋转频率 f_2：

$$f_2 = \frac{1}{2}\left(1 - \frac{d}{D}\cos\beta\right)f_1 \tag{1-8}$$

(3)滚动体自转频率 f_3：

$$f_3 = \frac{1}{2}\frac{D}{d\cos\beta}\left[1 - \left(\frac{d\cos\beta}{D}\right)^2\right]f_1 \tag{1-8}$$

(4)保持架通过内圈频率 f_4：

$$f_4 = f_1 - f_2 = \frac{1}{2}\left(1 + \frac{d}{D}\cos\beta\right)f_1 \tag{1-9}$$

(5)滚动体通过内圈频率 f_5：

$$f_5 = zf_4 = \frac{z}{2}\left(1 + \frac{d}{D}\cos\beta\right)f_1 \tag{1-10}$$

式中，z 为滚动体个数。

(6)滚动体通过外圈频率 f_6。

$$f_6 = zf_2 = \frac{z}{2}\left(1 - \frac{d}{D}\cos\beta\right)f_1 \tag{1-11}$$

在故障诊断的实践中，内圈旋转频率 f_1、滚动体通过内圈频率 f_5、滚动体通过外圈频率 f_6 对表面缺陷有较高的敏感度，是重要的参照指标[120-121]。

1.7.3　滚动轴承的早期缺陷所激发的振动特征

滚动轴承内出现剥落等缺陷，滚动体以较高的速度从缺陷上通过时，必然激发两种性质的振动。如图 1.7 所示，第一类振动是上节所讲的以结构和运动关系为特征的振动，表现为冲击振动的周期性；第二类振动是被激发的以轴承元件固有频率的衰减振荡，表现为每一个脉冲的衰减振荡波。

轴承元件的固有频率取决于本身的材料、结构形式和质量，根据相关资料研究，轴承元件的固有频率在 20～60 kHz 的频率段。因此，有些轴承诊断技术就针对性地利用这一特点进行信号的分析处理，取得很好的效果。如专用的轴承故障诊断仪，就是在这一频段内工作的仪表。

轴承缺陷所激发的周期性脉冲的频率与轴承结构和运动关系相联系，处于振动信号的低频段内，在这个频段内还有轴的振动、齿轮的啮合振动等各种零件的振动。由于这些振动具有更强的能量，轴承早期缺陷所激发的微弱周期性脉冲信号往往淹没在这些强振信号中，给在线故障监测系统带来困难。但是研究发现滚动轴承故障在低频段还是有迹可寻的。

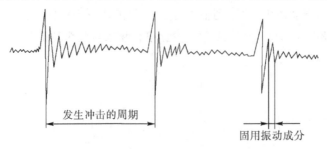

图 1.7　滚动轴承内缺陷所激发的振动波形

滚动轴承在机器设备中的作用是支撑传动轴的旋转,滚动轴承故障所激发的振动必然对轴及轴上的机械零件产生影响。对于转轴上的零件为齿轮等非转子类零件的轴而言,其动不平衡量是不随时间变化的。滚动轴承影响到轴的空间定位,轴承故障使轴的空间定位出现波动,当轴的工作状态处于非重载时,轴转动频率的振幅升高,有时还表现为转动频率的 2 倍频、3 倍频、4 倍频、5 倍频的振幅升高。这种情况往往预示着滚动轴承出现早期故障。当轴转动频率的振幅再次降低时,滚动轴承故障已进入晚期,到了必须更换的程度。由于轴的空间位置波动,也必然影响齿轮等零件的振动。滚动轴承故障在某种条件下(如轻载、空载)也会在齿轮啮合频率的振幅升高中反映出来。其故障频率特征啮合频率(边频带)微弱,几乎看不见。

1.7.4 滚动轴承信号分析方法

轴承故障信号的拾取实际上是传感器及安装部位和感应频率段的选择。传感器的安装部位往往选择轴承座部位,并按信号传动的方向选择垂直、水平、轴向布置。该部位距故障信号源最近,传输损失最小,也是轴、齿轮等故障信号传输路径必经的最近位置。所以几乎所有的在线故障监测与诊断系统都选择轴承座作为传感器的安装部位。

传感器和感应频率段的选择,如图 1.8 所示,这是一个航空滚动轴承作故障实验时得到的频谱图。轴承的故障信号分布在三个频段,即图中阴影部分。低频段在 8 kHz 以下,滚动轴承中与结构和运动关系相联系的故障信号在这个频率段,少数高速滚动轴承的信号频段能延展到 B 点。因为轴的故障信号、齿轮的故障信号也在这个频段,因而这也是绝大部分在线故障监测与诊断系统所监测的频段。高频段在 II 区,这个频段的信号是轴承故障所激发的轴承自振频率的振动。超高频段位于 III 区,它们是轴承内微裂纹扩张所产生的声发射超声波信号。

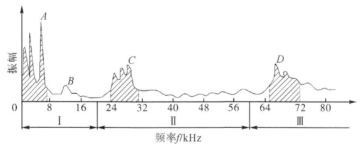

图 1.8 滚动轴承的振动频谱

针对不同信号所处的频段,采用不同的信号处理方式。

监测低频段的信号,通常采用加速度传感器,由于同时也要拾取其他零件的故障信号,因此采用通用的信号处理电路(仪器)。

监测高频段的信号,其目的是获取唯一的轴承故障信号,采用自振频率在 25~30 kHz 的加速度传感器,利用加速度传感器的共振效应,将这个频段的轴承故障信号放大,再用带通滤波器将其他频率的信号(主要是低频信号)滤除,获得唯一的轴承故障信号。

监测超高频段则采用超声波传感器,将声发射信号检出并放大。仪表统计单位时间内声发射信号的频度和强度，一旦频度或强度超过某个报警限，则判定轴承故障。

信号获得后，即可进行信号分析处理。信号的类别多，因而分析处理的方法也比较多。采用较多的滚动轴承故障信号分析方法有以下几种[122-124]：

1. 有效值与峰值判别法

滚动轴承振动信号的有效值反映了振动的能量大小，当轴承产生异常后，其振动必然增大，因而可以用有效值作为轴承异常的判断指标。但这对具有瞬间冲击振动的异常状况是不适用的。因为冲击波峰的振幅大而持续时间短，用有效值来表示故障特征，其特征并不明显，对于这种形态异常的故障特征，用峰值比有效值更适用。

2. 峰值系数法

所谓峰值系数，是指峰值与有效值之比。用峰值系数进行诊断的最大特点是由于它的值不受轴承尺寸、转速及载荷的影响。正常时，滚动轴承的波峰系数约为 5，当轴承有故障时，可达到几十。轴承正常或异常可以很方便地判别。另外，峰值系数不受振动信号的绝对水平所左右。测量系统的灵敏度即使变动，对示值也不会产生多大影响。

3. 峭度指标法

峭度指标反映振动信号中的冲击特征。

峭度指标 C_q：

$$C_q = \frac{\frac{1}{N}\sum_{i=1}^{N}(|x_i|-\bar{x})^4}{X_{rms}^4}$$

峭度指标 C_q 对信号中的冲击特征很敏感，正常情况下其值应该在 3 左右，如果这个值接近 4 或超过 4，则说明机械的运动状况中存在冲击性振动。当轴承出现初期故障时，有效值变化不大，但峭度指标值已经明显增加，达到数十甚至上百，非常明显。它的优势是能提供早期的故障预报。当轴承故障进入晚期后，由于剥落斑点充满整个滚道，峭度指标反而下降，也就是说对晚期故障不适用。

4. 冲击脉冲法

冲击脉冲法(SPM)利用轴承故障所激发的轴承元件固有频率的振动信号，经加速度传感器的共振放大、带通滤波及包络检波等信号处理，所获得的信号振幅正比于冲击力的大小。

在冲击脉冲技术中，所测信号振幅的计量单位是 dB0，测到的轴承冲击 dBi 值与轴承基准值 dB0 相减，dB0 是良好轴承的测定值。冲击脉冲计的刻度就是用 dBN 值表示的。轴承的状况分为三个区：(0～20) dBN 表示轴承状况良好；(20～35) dBN 表示轴承状况已经劣化，属发展中的损伤期；(35～60) dBN 表示轴承已经存在明显的损伤。

5. 共振解调法

共振解调法也称为包络检波频谱分析法，是目前滚动轴承故障诊断中最常用的方法之一。共振解调法与冲击脉冲法的基本原理相同，只是通过包络检波后并不测定振幅，而是保留检波后的波形，再用频谱分析法找出故障信号的特征频率，以确定轴承的故障元件。

共振解调法的基本原理可用图 1.9 所示信号变换过程中的波形特征来说明。图 1.9(a)

所示为理想的故障微冲击脉冲信号 $F(t)$（原始脉冲波），它在时域上的脉宽极窄，振幅很小，而脉冲的频率成分很丰富。虽然这种脉冲是以 T 为周期，但在频谱上却直接反映不出对应的频率 $1/T$ 成分。图 1.9(b)所示为脉冲信号由传感器接收后，经过电子高频谐振器谐振，就产生了一组组共振响应波。这是一种振幅被放大了的高频自由衰减振荡波，振荡频率就是谐振器的谐振频率 $f_n(f_n=1/T_n)$，它的最大振幅与故障冲击的强度成正比，而且每组振荡波在时域上得到了展宽，振荡波的重复频率与故障冲击的重复频率相同。图 1.9(c)所示为振荡波经过绝对值处理后留下了对应的频率，但它还不是完全的周期信号，在频谱上不能形成像简单波形那样的离散谱线。为此，必须对振荡波再进行包络检波处理，也就是取振荡波形的包络线，如图 1.9(d)所示。这个包络波形就把高频成分和其他机械干扰频率剔除掉了，成为纯低频的周期波，波的周期 T 仍与原始冲击频率相对应，然后把包络波形作为新的振动波形进行频谱分析，在频谱图上可以清楚地显示出冲击频率及其谐波成分，如图 1.9(e)所示。

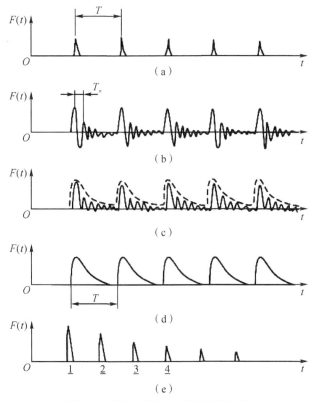

图 1.9　共振解调法的信号变换过程

从上述的信号变换过程中可以看出，信号经过共振放大和包络检波处理后，与原始脉冲波比较，它的振幅已得到了放大，波形在时域上已得到了展宽，不再是一个包含频率无限多的尖脉冲。而且包络波的低阶频率成分所具有的能量较原始脉冲波的低阶频率成分的能量有了极大增强，所以最终获得的故障信号信噪比，比原始信号提高了几个数量级。共振解调技术的良好效果可做到没有故障就没有共振解调波和它的故障频谱。

实现包络检波的方法有多种,常用的有两种方法:希尔伯特(Hilbert)变换法和检波滤波法。

6.频谱分析法

将低频段测得的振动信号,经低通抗混叠滤波器后,进行快速傅里叶变换(FFT),得到频谱图。根据滚动轴承的运动关系式计算得到各项特征频率,在频谱图中找出,观察其变化,从而判别故障的存在与位置。需要说明的是,各种特征频率都是从理论上推导出来的,而实际上,由于轴承的各几何尺寸会有误差,加上轴承安装后的变形、FFT 计算误差等因素,使得实际的频率与计算所得的频率会有出入。所以在频谱图上寻找各特征频率时,需在计算的频率值上找其近似的值来作诊断。

例如,图 1.10(a)所示是一个外环有划伤的轴承频谱图,明显看出其频谱中有较大的周期成分,其基频为 184.2 Hz,图 1.10(b)所示是与该轴承同型号的完好轴承的频谱图。通过比较可以看出,当出现故障后频谱图上有较高阶谐波。在此例中出现 184.2 Hz 的 5 阶谐波,且在 736.9 Hz 上出现了谐波共振现象。

需要指出的是,图 1.10 所示为一个在实验室作出的图形。实际工业现场的信号是极复杂的,包含了诸多轴、齿轮等的强振信号,而滚动轴承的故障信号因为强度太小,而被淹没。

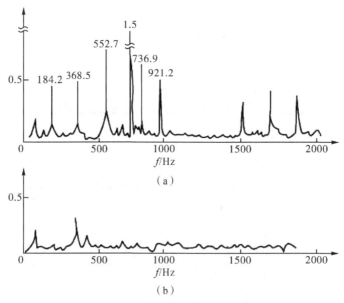

图 1.10　外圈故障轴承频谱图

但是这并不意味常规的 FFT 信号分析技术对滚动轴承的故障诊断就束手无策。因滚动轴承以其尺寸精度固定了转轴的轴心空间位置,一旦滚动轴承内的故障引发振动,必然影响转轴的轴心位置,导致对应转轴转动频率的振幅加大,若能排除轴上其他零件的原因(例如齿轮的转子不平衡力是不随时间变化的),即可诊断出轴承故障。

轴上的齿轮等零件的振动也会受到轴承振动的影响,导致轴、齿轮等零件自身的振动出现振幅增大、谐频成分增多的现象。

7. 倒频谱分析法

对于一个复杂的振动情况,其谐波成分更加复杂而密集,仅仅观察其频谱图,可能什么也辨认不出。这是由于各运动件在力的相互作用下各自形成特有的特征频率,并且相互叠加与调制,因此在频谱图上会形成多族谐波成分,如用倒频谱则较易于识别。

图 1.11(a)所示为内圈轨道上有疲劳损伤和滚子有凹坑缺陷的轴承的振动时间历程,图 1.11(b)所示为其频谱图,该图不便识别。而图 1.11(c)所示为其倒频谱,明显看出有106 Hz及 26.39 Hz 成分,理论计算上滚子故障频率为 106.35 Hz,内圈故障频率为26.35 Hz,由此看出,倒频谱反映出的故障频率与理论几乎完全一样。

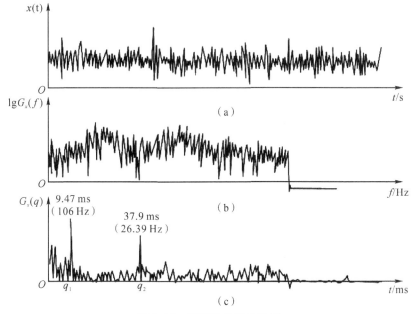

图 1.11　倒频谱分析示意图

在滚动轴承故障信号分析中,由于存在明显的调制现象,并在频谱图中形成不同族的调制边带。当内圈有故障时,则是由内圈故障频率构成调制边带;当滚子有故障时,则又以滚子故障频率构成另一组调制边带。因此,轴承故障的倒频谱诊断方法可以提供有效的预报信心。

1.8　齿轮系统故障诊断基本原理

1.8.1　齿轮失效形式

齿轮运行一段时间后产生的故障,主要与齿轮的热处理质量及运行润滑条件有关,也可能与设计不当或制造误差或装配不良有关。根据齿轮损伤的形貌和损伤过程或机理,故障的形式通常分为齿的断裂、齿面疲劳(点蚀、剥落、鞍裂)、齿面磨损或划痕、塑性变形等四类。根据国外抽样统计的结果表明,齿轮的各种损伤发生的概率如下:齿的断裂 41%、齿面疲劳

31％、齿面磨损 10％、齿面划痕 10％、其他故障如塑性变形、化学腐蚀、异物嵌入等 8％[125-128]。

1. 轮齿的断裂

齿轮副在啮合传递运动时,主动轮的作用力和从动轮的反作用力都通过接触点分别作用在对方轮齿上,最危险的情况是接触点某一瞬间位于轮齿的齿顶部,此时轮齿如同一个悬臂梁,受载后齿根处产生的弯曲应力为最大,若因突然过载或冲击过载,很容易在齿根处产生过载荷断裂。即使不存在冲击过载的受力工况,当轮齿重复受载后,由于应力集中现象,也易产生疲劳裂纹,并逐步扩展,致使轮齿在齿根处产生疲劳断裂。对于斜齿轮或宽直齿齿轮,也常发生轮齿的局部断裂。另外,淬火裂纹、磨削裂纹和严重磨损后齿厚过分减薄时在轮齿的任意部位都可能产生断裂。轮齿的断裂是齿轮最严重的故障,常常因此造成设备停机。

2. 齿面磨损

齿轮传动中润滑不良、润滑油不洁或热处理质量差等均可造成磨损或划痕,磨损可分为黏着磨损、磨粒磨损、划痕(一种很严重的磨粒磨损)和腐蚀磨损等。

(1)黏着磨损 润滑对黏着磨损影响很大,在低速、重载、高温、齿面粗糙、供油不足或油黏度太低等情况下,油膜易被破坏而发生黏着磨损。如润滑油膜层完整且有相当厚度就不会发生金属间的接触,也就不会发生磨损。润滑油的黏度高,有利于防止黏着磨损的发生。

(2)磨粒磨损与划痕 当润滑油不洁,含有杂质颗粒以及在开式齿轮传动中的外来砂粒或在摩擦过程中产生的金属磨屑,都可以产生磨粒磨损与划痕。一般齿顶、齿根部摩擦较节圆部严重,这是因为齿轮啮合过程中节圆处为滚动接触,而齿顶、齿根处为滑动接触。

(3)腐蚀磨损 由于润滑油中的一些化学物质如酸、碱或水等污染物与齿面发生化学反应造成金属的腐蚀而导致齿面损伤。

(4)烧伤 尽管烧伤本身不是一种磨损形式,但它是由于磨损造成的,又会反过来造成严重的磨损失效和表面变质。烧伤是由于过载、超速或不充分的润滑引起的过分摩擦所产生的局部区域过热,这种温度升高足以引起变色和过时效,会使钢的几微米厚表面层重新淬火,出现白层。损伤的表面容易产生疲劳裂纹。

(5)齿面胶合 大功率软齿面或高速重载的齿轮传动,当润滑条件不良时易产生齿面胶合(咬焊)破坏,即一齿面上的部分材料胶合到另一齿面上而在此齿面上留下坑穴,在后续的啮合传动中,这部分胶合上的多余材料很容易造成其他齿面的擦伤沟痕,形成恶性循环。

3. 齿面疲劳(点蚀、剥落)

所谓齿面疲劳主要包括齿面点蚀与剥落。由于工作表面的交变应力引起微观疲劳裂纹,润滑油进入裂纹后,由于啮合过程可能先封闭入口然后挤压,微观疲劳裂纹内的润滑油在高压下使裂纹扩展,结果小块金属从齿面上脱落,留下一个小坑,形成点蚀。如果表面的疲劳裂纹扩展得较深、较远或一系列小坑由于坑间材料失效而连接起来,造成大面积或大块金属脱落,这种现象则称为剥落。剥落与严重点蚀只有程度上的区别而无本质上的不同。

实验表明,在闭式齿轮传动中,点蚀是最普遍的破坏形式。在开式齿轮传动中,由于润滑不够充分以及进入的污物增多,磨粒磨损总是先于点蚀破坏。

4. 齿面塑性变形

软齿面齿轮传递载荷过大(或在大冲击载荷下)时,易产生齿面塑性变形。在齿面间过大的摩擦力作用下,齿面接触应力会超过材料的抗剪强度,齿面材料进入塑性状态,造成齿面金属的塑性流动,使主动轮节圆附近的齿面形成凹沟,从动轮节圆附近的齿面形成凸棱,从而破坏了正确的齿形。有时可以在某些类型从动齿轮的齿面上出现"飞边",严重时挤出的金属充满顶隙,引起剧烈振动,甚至发生断裂。

1.8.2　齿轮的振动机理与信号特征

齿轮传动系统是一个弹性的机械系统,由于结构和运动关系的原因,存在着运动和力的非平稳性。图 1.12 是齿轮副的运动学分析示意图。图中 O_1 是主动轮的轴心,O_2 是从动轮的轴心。假定主动轮以 ω_1 作匀角速度运动,A、B 分别为两个啮合点,则有 $O_1A > O_1B$,即 A 点的线速度大于 B 点的线速度。而 $O_2A < O_2B$,从理论上有 $\omega_2 = \dfrac{v_B}{O_2B}$,$\omega_3 = \dfrac{v_A}{O_2A}$,则 $\omega_2 < \omega_3$。然而 A、B 又是从动轮的啮合点,当齿轮副只有一个啮合点时,随着啮合点沿啮合线移动,从动轮的角速度存在波动;当有两个啮合点时,因为只能有一个角速度,因而在啮合的轮齿上产生弹性变形力,这个弹性变形力随啮合点的位置、轮齿的刚度以及啮合的进入和脱开而变化,是一个随时间变化的力[129]。

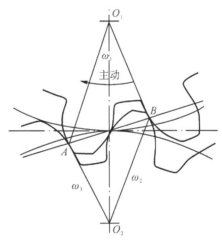

图 1.12　齿轮副的运动学分析

同理,即使主动轮传递的是一个恒转矩,在从动轮上仍然产生随时间变化的啮合力和转矩。而且单个的轮齿可看成是变截面悬臂梁,啮合齿对的综合刚度也随啮合点的变化而改变,这就造成轮齿振动的动力学分析更加复杂。但是它们引起齿轮的振动是确信无疑的。从这个意义上说,齿轮传动系统的啮合振动是不可避免的。振动的频率就是啮合频率,也就是齿轮的特征频率,其计算公式如下:

齿轮一阶啮合频率 $f_{co} = \dfrac{n}{60}z$

啮合频率的高次谐波频率 $f_{ci} = if_{co}$，$i = 2,3,4,\cdots,n$。

两式中，n 为齿轮轴的转速(r/min)；z 为齿轮的齿数。

由于传递的转矩也随着啮合而改变，它作用到转轴上，使转轴发生扭振。而转轴上由于键槽等非均布结构的存在，轴的各向刚度不同，刚度变动的周期与轴的周转时间一致，激发的扭振振幅也就按转轴的转动频率变动。这个扭振对齿轮的啮合振动产生了调制作用，从而在齿轮啮合频率的两边产生以轴频为间隔的边频带。

边频带也是齿轮振动的特征频率，啮合的异常状况反映到边频带，造成边频带的分布和形态都发生改变。可以说，边频带包含了齿轮故障的丰富信息[130]。

此外，齿轮制造时所具有的偏心误差、周节误差、齿形误差、装配误差等都能影响齿轮的振动。所以，在监测低精度齿轮的振动时，要考虑这些误差的影响。

从故障诊断的实用方面来看，只要齿轮的振动异常超标，就是有故障，就需要处理或更换。所以大多数情况下，并不需要辨别故障是哪种误差所引起的，只需要判定齿轮能否继续使用。

1.8.3 齿轮的故障分析方法

1. 功率谱分析法

功率谱分析可确定齿轮振动信号的频率构成和振动能量在各频率成分上的分布，是一种重要的频域分析方法。振幅谱也能进行类似的分析，但由于功率谱是振幅的平方关系，所以功率谱比振幅谱更能突出啮合频率及其谐波等线状谱成分而减少了随机振动信号引起的一些"毛刺"现象。

应用功率谱分析时，频率轴横坐标可采取线性坐标或对数坐标，对数坐标(恒百分比带宽)适合故障概括的检测和预报，对噪声的分析与人耳的响应接近，但对于齿轮系统由于有较多的边频成分，采用线性坐标(恒带宽)会更有效。

功率谱分析作为目前振动监测和故障诊断中应用最广的信号处理技术在齿轮箱的故障诊断中发挥了较大的作用。它对齿轮的大面积磨损、点蚀等均匀故障有比较明显的分析效果，但对齿轮的早期故障和局部故障不敏感，因而应采用其他分析方法[131,132]。

2. 边频带分析法

边频带成分包含丰富的齿轮故障信息，要提取边频带信息，在频谱分析时必须有足够高的频率分辨率。当边频带谱线的间隔小于频率分辨率时，或谱线间隔不均匀时，都会阻碍边频带的分析，必要时应对感兴趣的频段进行频率细化分析(ZOOM 分析)，以准确测定边频带间隔。

边频带是由于齿轮啮合频率的振动受到了齿轮旋转频率的调制而产生的，边频带的形状和分布包含了丰富的齿面状况信息。一般从两方面进行边频带分析，一是利用边频带的频率对称性，找出 $f_z \pm nf_r$ $(n=1,2,3,\cdots)$ 的频率关系，确定是否为一组边频带，如果是边频带，则可知道啮合频率和旋转频率；二是比较各次测量中边频带振幅的变化趋势。

根据边频带呈现的形式和间隔，有可能得到以下信息。

（1）当边频带间隔为旋转频率时，可能有齿轮偏心、齿距缓慢的周期变化及载荷的周期波动等缺陷存在，齿轮每旋转一周，这些缺陷就重复作用一次，即这些缺陷的重复频率与该齿轮的旋转频率相一致。根据旋转频率可判断出问题齿轮所在的轴。

（2）齿轮的点蚀等分布故障会在频谱上形成类似第一个信息的边频带，但其边频阶数少而集中在啮合频率及其谐频的两侧（见图 1.13）。

（3）齿轮的剥落、齿根裂纹及部分断齿等局部故障会产生特有的瞬态冲击调制，在啮合频率及其谐频两侧产生一系列边频带。其特点是边频带阶数多而谱线分散，由于高阶边频的互相叠加而使边频带族形状各异（见图 1.14）。严重的局部故障还会使旋转频率及其谐波成分的振幅增高。

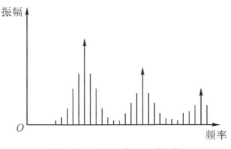

图 1.13　点蚀典型边频带

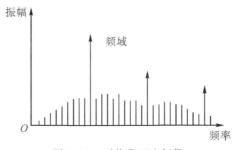

图 1.14　剥落典型边频带

需要指出的是，由于边频带成分具有不稳定性，在实际工作环境中，尤其是几种故障并存时，边频带族错综复杂，其变化规律难以用上述的典型情况表述，而且还存在两个轴的旋转频率混合情况。但边频带的总体形状和分布是随着故障的出现而上升的。如齿面磨损、点蚀等表面缺陷，在啮合中不激发瞬时冲击，因而边频带的分布窄，边频带的振幅随磨损程度的增大而增高。断齿、裂齿、大块剥落等在啮合中激发瞬时冲击的缺陷，反映到边频带中就是分布变宽，随着这类缺陷的扩大，边频带在宽度和高度上也增大。这就要求在诊断时，与以前的频谱图比较，观察边频带的变化。

3. 倒频谱分析法

对于同时有数对齿轮啮合的齿轮箱振动频谱图，由于每对齿轮啮合时都将产生边频带，几个边频带交叉分布在一起，仅进行频率细化分析识别边频特征是不够的。由于倒频谱处理算法将功率谱图中的谐波族变换为倒频谱图中的单根谱线，其位置代表功率谱中相应谐波族（边频带）的频率间隔时间（倒频谱的横坐标表示的是时间间隔，即周期时间），因此可以解决上述问题。

倒频谱的另一个优点是对于传感器的测点位置或信号传输途径不敏感，以及对于幅值和频率调制的相位关系不敏感。因为倒频谱图中的幅值不是振幅而是相同频率间隔的谱线（即多阶谐振频率）的平均高度。这种不敏感，反而有利于监测故障信号的有无，因而在观察时不看重某测点振幅的大小（可能由于传输途径而被过分放大），侧重于观察是否存在某个特征频率以及它的谐振频率。这个特征频率以及它的谐振频率的数量愈多，平均高度愈高，则在倒频谱图反映它的那根谱线愈突出。

齿轮故障诊断的分析方法很多，如小波分析法、时序分析法、时间同步平均法等[133,134]。

4. 齿轮故障信号的频域特征

齿轮故障是一些宽频带信号，其频率成分十分复杂。据一些资料介绍，在频率域上的故障特征大致可作如下归类。

(1)均匀性磨损、齿轮径向间隙过大、不适当的齿轮游隙以及齿轮载荷过大等原因，将增加啮合频率和它的谐波成分振幅，对边频的影响很小。在恒定载荷下，如果发生啮合频率和它的谐波成分变化，则意味着齿的磨损、挠曲和齿面误差等原因产生了齿的分离（脱啮）现象。齿轮磨损的特征是"频谱图上啮合频率及其谐波振幅都会上升，而高阶谐波的振幅增加较多。"

(2)不均匀的分布故障（例如齿轮偏心、齿距周期性变化及载荷波动等）将产生振幅调制和频率调制，从而在啮合频率及其谐波两侧形成振幅较高的边频带，边频带的间隔频率是齿轮转速频率，该间隔频率是与有缺陷的齿轮相对应的。值得注意的是对于齿轮偏心所产生的边带，一般出现的是下边频带成分，即 $f_z - nf_r (n=1,2,3,\cdots)$，上边频带出现得很少。

(3)齿面剥落、裂纹以及齿的断裂等局部性故障，将产生周期性冲击脉冲，啮合频率为脉冲频率所调制，在啮合频率及其谐波两侧形成一系列边频带，其特点是边频带的阶数多而分散，如图1.14所示。而点蚀等分布性故障形成的边频带，在啮合频率及其谐波两侧分布的边频带阶数少而集中，如图1.13所示。这些边频带随着故障的发展，其频谱图形也将发生变化。

另外，还要注意分辨齿轮故障与轴承故障。

(1)齿的断裂或裂纹故障：每当轮齿进入啮合时就产生一个冲击信号，这种冲击可激起齿轮系统的一阶或几阶自振频率。但是，齿轮固有频率一般都为高频(1 kHz～10 kHz)，这种高频成分传递到齿轮箱时已被大幅度衰减，多数情况下只能在齿轮箱上测到啮合频率和调制的边频带。其边频带的形状和分布与前期的正常状态相比，存在明显的变化。

(2)轴承故障：如果仅有齿轮啮合频率的振幅迅速升高，而边频带的分布和振幅并无变化，甚至边频带没有发育，则表明是轴承故障。

因为齿轮箱是由轴、联轴器、齿轮和轴承等多个零件组成的一个复杂结构，对齿轮进行故障诊断，不能单一依靠频谱图，必须在频域和时域内同时观察，并需要积累一定的经验。作为齿轮箱故障诊断的有效措施，应该对几个部位进行定期监测。鉴别齿轮的缺陷应尽可能在早期进行，因为齿轮故障的发展初期比较容易发现问题；而在故障后期，大面积的缺陷会带来大量的噪声和众多的故障信号，这将影响人们的视线，难以寻找故障发生的原因和部位。

信号处理基本理论及案例

第2章

信号处理（signal processing）是对各种类型的电信号，按各种预期的目的及要求进行加工过程的统称。对模拟信号的处理称为模拟信号处理，对数字信号的处理称为数字信号处理。所谓信号处理，就是要把记录在某种媒体上的信号进行处理，以便抽取有用信息的过程，它是对信号进行提取、变换、分析、综合等处理过程的统称。

人们为了利用信号，就要对其进行处理。例如，电信号弱小时，需要对它进行放大；混有噪声时，需要对它进行滤波；当频率不适于传输时，需要进行调制以及解调；信号遇到失真畸变时，需要对它均衡；当信号类型很多时，需要进行识别等等。

数字信号处理是20世纪60年代才开始发展起来的，开始是贝尔实验室及麻省理工学院用电子计算机对电路与滤波器设计进行仿真，这奠定了数字滤波器的发展基础。60年代中期，快速傅里叶变换的发明使频谱分析中的傅里叶分析的计算速度提高了百倍，从而达到了可以利用电子计算机进行谱分析的目的，这奠定了信号与系统分析的实用基础，形成了以数字滤波及快速傅里叶变换为中心内容的数字信号处理的基本方法与概念。70年代开始，数字信号处理这个专用名词在科技领域问世。

信号处理最基本的内容有变换、滤波、调制、解调、检测以及谱分析和估计等。变换诸如傅里叶变换、正弦变换、余弦变换、沃尔什变换等；滤波包括高通滤波、低通滤波、带通滤波、维纳滤波、卡尔曼滤波、线性滤波、非线性滤波以及自适应滤波等；谱分析方面包括确知信号的分析和随机信号的分析，人们研究最普遍的是随机信号的分析，也称统计信号分析或估计，它通常又分为线性谱估计与非线性谱估计。谱估计有周期图估计、最大熵谱估计等。随着信号类型的复杂化，在要求分析的信号不能满足高斯分布、非最小相位等条件时，又有高阶谱分析的方法。高阶谱分析可以提供信号的相位信息、非高斯类信息以及非线性信息；自适应滤波与均衡也是应用研究的一大领域。自适应滤波包括横向LMS自适应滤波、格型自适应滤波，自适应对消滤波，以及自适应均衡等。此外，对于阵列信号还有阵列信号处理等等。

信号处理是电信的基础理论与技术。它的数学理论有方程论、函数论、数论、随机过程论、最小二乘方法以及最优化理论等，它的技术支柱是电路分析、合成以及电子计算机技术。信号处理与当代模式识别、人工智能、神经网计算以及多媒体信息处理等有着密切关系，它把基础理论与工程应用紧密联系起来。因此信号处理是一门既有复杂数理分析背景，又有广阔实用工程前景的学科。

机械系统故障诊断的发展也和信号处理技术的发展同步，机械系统故障诊断本质上就是机器运行状态模式识别的问题,就是根据机器运行状态的运行信号来判断机器运行状态,比如是否正常、有什么故障、故障程度等。

目前很多的信号处理方法在故障诊断领域都得到了应用,最基本的如时域分析和频域分析,另外在时域和频域的基础上还发展出了很多信号处理方法,下面就对几种常用的典型信号处理方法进行简介,并给出了部分信号处理方法的 MATLAB 程序,以方便初学者学习。

2.1 时域指标统计

2.1.1 时域指标参数

均值:观测时间 T 趋近于无穷时,信号在观测时间 T 内取值的时间平均就是信号 $x(t)$ 的均值。其定义为

$$\mu_x = \lim_{T \to \infty} \frac{1}{T} \int_0^T x(t) \, dt \tag{2-1}$$

离散信号时间序列均值:

$$\bar{x} = \frac{1}{N} \sum_{i=1}^{N} x_i \tag{2-2}$$

均值是信号的平均,是一阶矩。

均方值与方差,均方值定义:

$$\Psi_x^2 = \frac{1}{N} \sum_{i=1}^{N} x_i^2 \tag{2-3}$$

均方值是每个信号平方的平均,其代表了信号的能量,是二阶矩。

方差定义:

$$\sigma_x^2 = \frac{1}{N} \sum_{i=1}^{N} (x_i - \bar{x})^2 \tag{2-4}$$

方差是每个样本值与全体样本值的平均数之差的平方值的平均,代表了能量的动态分量,反映了数据间的离散程度,是二阶中心矩。

概率密度函数:

$$P_{\text{prb}} \left[x < x(t) \leqslant x + \Delta x \right] = \lim_{T \to \infty} \frac{\Delta T}{T} \tag{2-5}$$

$$p(x) = \lim_{T \to \infty} \frac{1}{\Delta x} \left[\lim_{T \to \infty} \frac{\Delta T}{T} \right] \tag{2-6}$$

$$P(x) = P_{\text{prb}} \left[x(t) \leqslant \delta \right] = \lim_{T \to \infty} \frac{\Delta T_\delta}{T} \tag{2-7}$$

1. 有量纲参数指标

有量纲参数指标包括:方根幅值、平均幅值、均方幅值、峰值。

方根幅值:方根幅值是信号根值和的平均的平方。

$$X_r = \left(\frac{1}{N} \sum_{i=1}^{N} \sqrt{x_i} \right)^2 \tag{2-8}$$

平均幅值:平均幅值是信号值和的平均。

$$|\bar{x}| = \frac{1}{N} \sum_{i=1}^{N} |x_i| \tag{2-9}$$

均方幅值:均方根值也称有效值,是信号平方和的平均,再开方。也是均方值的算术平方根。此参数对磨损类故障较为敏感,可以监测此参数,用于及早发现劣化趋势。

$$X_{rms} = \sqrt{\frac{1}{N} \sum_{i=1}^{N} x_i^2} \tag{2-10}$$

峰值:峰值是信号中某时刻的最大值,可反映振动信号在某时刻的最大振动值,对点蚀、剥落、瞬时冲击类故障较敏感。

$$X_p = \max\{|x_i|\} \tag{2-11}$$

2. 无量纲参数指标

波形指标:波形指标为有效值与平均值的比值,也等于脉冲指标与峰值指标的比值。

$$S = \frac{X_{rms}}{\bar{x}} \tag{2-12}$$

峰值指标:峰值指标是无量纲参数,参数值为峰值与有效值之比。当故障发生时,有效值和峰值均有所增大,当峰值指标大时,峰值比有效值上升快;反之,峰值指标小时,有效值比峰值上升快。峰值指标可有效地对点蚀、剥落类的早期故障进行预警。

$$C = \frac{X_p}{X_{rms}} \tag{2-13}$$

脉冲指标:脉冲指标为信号峰值与信号平均值的比值,用以检测信号中是否存在冲击。

$$I = \frac{X_p}{\bar{x}} \tag{2-14}$$

裕度指标:裕度指标是信号的峰值与方根幅值的比值。裕度指标可以用来检测设备的磨损情况。

$$L = \frac{X_p}{X_r} \tag{2-15}$$

偏斜度:

$$\alpha = \frac{1}{N} \sum_{i=1}^{N} x_i^3 \tag{2-16}$$

偏斜度指标:偏斜度指标是三阶中心矩与标准差的三次方比值。描述的是分布情况,单峰分布时,正偏斜度顶部峰值偏向左侧,底部偏右侧;负偏度与之相反。

$$S = \frac{\alpha}{\sigma_x^3} \tag{2-17}$$

峭度:

$$\beta = \frac{1}{N} \sum_{i=1}^{N} x_i^4 \tag{2-18}$$

峭度指标：

$$K = \frac{\beta}{\sigma_x^4} \qquad\qquad (2-19)$$

峭度指标为无量纲参数，是归一化的四阶中心矩，其反映的是振动信号分布特性的数值统计量。其对冲击类故障较敏感，当产生冲击类信号时，早期的峭度会明显上升，但随故障的发展，峭度会下降。

使用脉冲指标和峰值指标进行轴承故障诊断，当滚动体尺寸较大时，可以使用脉冲指标和峰值指标来判断轴承的故障，当尺寸较小时，无法有效地进行诊断。

2.1.2　MATLAB 程序

```
clear;
Fs = 1000;                 % 频率
T = 1/Fs;                  % 周期
Len = 1500;                % 信号长度
t = (0:Len−1) * T;         % 时间序列
y =0.7 * sin(2 * pi * 50 * t)+2 * randn(size(t)); % 添加随机故障信息
plot(y);
mean_y = mean(y);          % 均值
va_y = var(y);             % 方差
peak_y = max(abs(y));      % 峰值
average_y = mean(abs(y));  % 绝对值的平均值
st_y = std(y);             % 标准差
Xr = mean(sqrt(abs(y)))^2; % 方根幅值
rm = rms(y);               % 均方幅值
ku = kurtosis(y);          % 峭度
sk = skewness(y);          % 偏斜度
S = rm/average_y;          % 波形因子
C = peak_y/rm;             % 峰值因子
I = peak_y/average_y;      % 脉冲因子
L = peak_y/Xr;             % 裕度因子
```

2.2　快速傅里叶变换

傅里叶变换理论与方法在很多学科和领域都有着广泛应用，现在的很多计算依赖于计算机，由于计算机只能进行有限长度的离散序列处理，所以计算机上的运算是一种离散傅里叶变换。

2.2.1 离散傅里叶变换(DFT)

正变换为

$$X(n) = \sum_{k=0}^{N-1} x(k) W_N^{nk}, (n = 0,1,2,\cdots,N-1) \tag{2-20}$$

逆变换为

$$x(k) = \frac{1}{N} \sum_{n=0}^{N-1} X(n) W_N^{-nk}, (k = 0,1,2,\cdots,N-1) \tag{2-21}$$

式中,$W_N = e^{-j2\pi/N}$;$j = \sqrt{-1}$ 为一个复数。

由于 W_N 和 $x(k)$ 都可能是复数,若计算所有的离散值 $X(n)$,则需要进行 N^2 次复乘法和 $N(N-1)$ 次复数加法。根据复数运算理论,一次复数乘法等于四次实数乘法,一次复数加法等于两次实数加法。当序数 N 增大时,离散傅里叶变换的计算量将进行 N^2 增长。计算量的增大,将会使运算速度降低,限制实际的应用。

2.2.2 快速傅里叶变换(FFT)

1965 年库利和图基发表了快速傅里叶变换论文,提高了 DFT 的运算速度。经过多年的发展,已逐渐衍生出了很多关于快速傅里叶变换的算法。包括传统快速傅里叶变换算法,多维离散傅里叶变换快速算法,一维和二维离散余弦变换算法,离散 W 变换算法等。库利-图基算法是在实际中应用最广泛的快速傅里叶变换算法。通过递归的方法将大的 DFT 分解为小的 DFT 进行计算。计算的复杂度由 N^2 次降低到 $N\lg N$ 次。根据离散傅里叶变换的基本定义:

$$X(n) = \sum_{k=0}^{N-1} x(k) W_N^{nk} = \sum_{k=0}^{N-1} x(k) \cdot e^{\frac{-2\pi jnk}{N}} \tag{2-22}$$

式中,$n \in [0, N-1]$;$k \in [0, N-1]$;$j = \sqrt{-1}$;$W_N = e^{-j2\pi/N}$ 为旋转因子;$(\boldsymbol{W}_N^{nk})_{N\times N}$ 为 DFT 矩阵。

$$(\boldsymbol{W}_N^{nk})_{N\times N} = \begin{bmatrix} W_N^0 & W_N^0 & \cdots & W_N^0 \\ W_N^0 & W_N^1 & \cdots & W_N^{N-1} \\ \vdots & \vdots & \ddots & \vdots \\ W_N^0 & W_N^{N-1} & \cdots & W_N^{(N-1)(N-1)} \end{bmatrix} \tag{2-23}$$

$$\begin{bmatrix} X(0) \\ \vdots \\ X(N-1) \end{bmatrix} = (\boldsymbol{W}_N^{nk})_{N\times N} \begin{bmatrix} x(0) \\ \vdots \\ x(N-1) \end{bmatrix} \tag{2-24}$$

序数原始序列:

$$x(k) = \{x(0), x(1), x(2), \cdots, x(N-1)\} \tag{2-25}$$

序数偶数序列:

$$x(2k) = \{x(0), x(2), x(4), \cdots, x(N-2)\} \tag{2-26}$$

序数奇数序列：

$$x(2k+1) = \{x(1), x(3), x(5), \cdots, x(N-1)\} \tag{2-27}$$

$$X(n) = \sum_{k=0}^{N-1} x(k) W_N^{nk} = \sum_{k=0}^{N/2-1} \left[x(2k) W_N^{2nk} + x(2k+1) W_N^{(2k+1)n} \right], (n=0,1,2,\cdots,N-1) \tag{2-28}$$

因为 $W_N^2 = e^{-2j(2\pi/N)} = e^{-2j\pi(N/2)} = W_{N/2}^1$;

$$X(n) = \sum_{k=0}^{N-1} x(k) W_N^{nk} = \sum_{k=0}^{N/2-1} \left[x(2k) W_{N/2}^{nk} + x(2k+1) W_{N/2}^{nk} W_N^n \right] \tag{2-29}$$
$$= G(n) + W_N^n H(n) \quad (n=0,1,2,\cdots,N-1)$$

其中 $X(n)$ ——周期为 N , $X(n) = X(n+N)$;

$G(n)$ 和 $H(n)$ ——周期为 $N/2$, $G(n) = G\left(n+\dfrac{N}{2}\right)$, $H(n) = H\left(n+\dfrac{N}{2}\right)$ 。

因为 $X(n) = G(n) + W_N^n H(n)$, $X\left(n+\dfrac{N}{2}\right) = G(n) + W_N^{n+\frac{N}{2}} H(n) (n=0,1,2,\cdots,\dfrac{N}{2}-1)$, 又因为 $W_N^{\frac{N}{2}} = e^{\left(\frac{-j2\pi}{N} \frac{N}{2}\right)} = e^{-j\pi} = -1$, $W_N^{n+\frac{N}{2}} = e^{\left(\frac{-j2\pi}{N}\left(n+\frac{N}{2}\right)\right)} = W_N^n W_N^{\frac{N}{2}} = -W_N^n$, $n=0,1,2,\cdots,\dfrac{N}{2}-1$ 。

$$X(n) = G(n) + W_N^n H(n), n=0,1,2\cdots,\frac{N}{2}-1 \tag{2-30}$$

$$X\left(n+\frac{N}{2}\right) = G(n) - W_N^n H(n), n=0,1,2\cdots,\frac{N}{2}-1 \tag{2-31}$$

两个半段相接后得到整个序列的 $X(n)$ 。

2.2.3 MATLAB 程序

```
clear;
fs=100;                 %采样频率
N=128;                  %数据点数
n=0:N-1;
t=n/fs;                 %时间序列
x=0.5*sin(2*pi*15*t)+2*sin(2*pi*40*t);  %信号
y=fft(x,N);             %对信号进行快速傅里叶变换
mag=abs(y);             %求得傅里叶变换后的振幅
f=n*fs/N;               %频率序列
plot(f,mag);            %绘出随频率变化的振幅
xlabel('频率/Hz');
ylabel('振幅');
title('N=128');
grid on;
```

```
%%
% 对信号采样数据为 1024 点的处理
fs=100;N=1024;n=0:N-1;t=n/fs;
x=0.5*sin(2*pi*15*t)+2*sin(2*pi*40*t);
y=fft(x,N);
mag=abs(y);
f=n*fs/N;
plot(f,mag);
xlabel('频率/Hz');
ylabel('振幅');title('N=1024');
```

程序运行结果如图 2.1 所示。

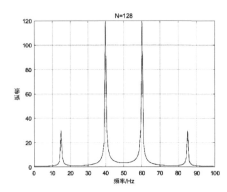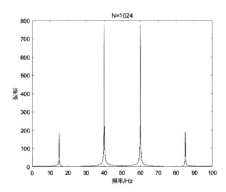

图 2.1　程序结果图 1

```
clear;
Fs = 1000;               % 采样频率
T = 1/Fs;                % 采样周期
L = 1000;                % 数据长度
t = (0:L-1)*T;           % 时间序列
S = 0.7*sin(2*pi*50*t) + sin(2*pi*120*t);% 原始信号
X = S + 2*randn(size(t));% 原始信号加噪
subplot(2,1,1);
plot(1000*t(1:50),X(1:50));
title('噪声信号');
xlabel('t(毫秒)');
ylabel('X(t)');
Y = fft(X);% 对信号进行快速傅里叶变换
P2 = abs(Y/L);
P1 = P2(1:L/2+1);
P1(2:end-1) = 2*P1(2:end-1);
```

```
f = Fs * (0:(L/2))/L;
subplot(2,1,2);plot(f,P1);
title('X(t)的单边振幅谱');
xlabel('f(Hz)');
ylabel('|P1(f)|');
```

程序运行结果如图 2.2 所示。

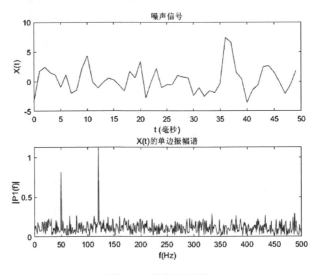

图 2.2　程序结果图 2

2.3　倒频谱

倒频谱分析的实质是时域信号经傅里叶变换后获得的频谱取对数,把它当作时间信号再分析一次,倒频谱是对频谱再做傅里叶变换的结果。对功率谱 $S_x(f)$ 的对数值进行傅里叶逆变换。

2.3.1　功率谱密度函数

自功率谱密度函数是信号 $x(t)$ 的自相关函数 $R_x(\tau)$ 的傅里叶变换,定义为

$$S_x(f) = \int_{-\infty}^{\infty} R_x(\tau) e^{-j2\pi f} d\tau \tag{2-32}$$

对于均值为零的信号,当 $|\tau| \to \infty$ 时自相关函数 $R_x(\tau)$ 趋于零。$R_x(\tau)$ 满足绝对可积的条件。

2.3.2　倒频谱的数学描述

对功率谱 $S_x(f)$ 的对数值进行傅里叶逆变换。

数学表达式为

$$C_p(q) = F^{-1}\{\lg S_x(f)\} \qquad (2-33)$$

其中自变量 q 称为倒频率，与 $R_x(\tau)$ 中的自变量 τ 有相同的时间量纲。q 值大者称为高倒频率，表示低速波动；q 值小者称为低倒频率，表示快速波动。有些定义为功率谱密度函数取对数后的傅里叶变换，实际上两种定义一样。因为 $S_x(f)$ 是实偶函数，$\lg S_x(f)$ 也是实偶函数，其正逆傅里叶变换相等。

2.3.3　倒频谱应用

对于线性系统 $x(t)$，$h(t)$，$y(t)$ 三者的关系使用卷积公式表示

$$y(t) = x(t) * h(t) = \int_0^\infty x(\tau)h(t-\tau)\mathrm{d}\tau \qquad (2-34)$$

对式(2-34)继续作傅里叶变换，在频域上进行分析。

$$S_y(f) = S_x(f)S_h(f) \qquad (2-35)$$

对等式两边取对数

$$\lg S_y(f) = \lg S_x(f) + \lg S_h(f) \qquad (2-36)$$

再进一步作傅里叶逆变换，可得到倒频谱

$$F^{-1}\{\lg S_y(f)\} = F^{-1}\{\lg S_x(f)\} + F^{-1}\{\lg S_h(f)\} \text{ 或}$$
$$C_y(q) = C_x(q) + C_h(q) \qquad (2-37)$$

倒频谱分析方法可以方便提取，分析原频谱图上肉眼难以识别的周期性信号，能将原来频谱上成族的边频带谱线简化为单根谱线，受传感器对的测点位置及传输途径影响小。

2.3.4　MATLAB 程序

```
clear;
sf = 1000;
nfft = 1000;
x = 0:1/sf:5;
y1=10 * cos(2 * pi * 5 * x)+7 * cos(2 * pi * 10 * x)+5 * cos(2 * pi * 20 * x)+0.5
 * randn(size(x));
y2=20 * cos(2 * pi * 50 * x)+15 * cos(2 * pi * 100 * x)+25 * cos(2 * pi * 200 * x)
+0.5 * randn(size(x));
for i = 1:length(x)
    y(i) = y1(i) * y2(i);
end
t = 0:1/sf:(nfft-1)/sf;
nn = 1:nfft;
subplot(2,1,1);
z = rceps(y);
plot(t(nn),abs(z(nn)));
```

```
title('信号→频谱→对数→傅里叶逆变换');
ylim([0 0.3]);
xlabel('时间(s)');
ylabel('幅值');
grid on;
yy = real(ifft(log(abs(fft(y)))));  % 信号→傅里叶→对数→傅里叶逆变换
subplot(2,1,2);
plot(t(nn),abs(yy(nn)));
title('信号→傅里叶→对数→傅里叶逆变换');
ylim([0 0.3]);
xlabel('时间(s)');
ylabel('幅值');
grid on;
```

程序运行结果如图 2.3 所示。

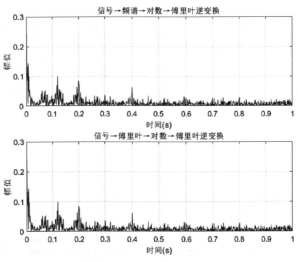

图 2.3　程序结果图 3

2.4　经验模态分解(EMD)

对于每个信号,任何时刻,能同时存在不同的模式函数,这些模式函数彼此叠加,从而构成了各种复杂的信号。每一个模式函数是相互独立的,在任何相邻的零点之间,不存在多重极值点,这种模式函数就是本征模式函数。一个本征模式函数必须满足下面两个条件:

(1)在整个信号长度上,极值点和过零点的数目必须相等或者至多只相差一个。

(2)在任意时刻,由极大值点定义的上包络线和由极小值点定义的下包络线的平均值为零,也就是说信号的上下包络线对称于时间轴。

Huang 等人认为任何信号都是由若干本征模函数组成的,任何时候,一个信号都可以包含若干个本征模函数,如果本征模函数之间相互重叠,便形成复合信号,因此 Huang 在希尔伯特变换的基础上发展了一种专门针对非线性、非稳态时间序列的时频分析方法——HHT变换。HHT(希尔伯特-黄)变换的关键是经验模式分解,即 EMD 变换。EMD 分解的目的就是为了获取本征模函数,然后再对各本征模函数进行希尔伯特变换,得到希尔伯特谱。经验模式分解方法基于以下几个假设。

(1)原始信号至少包含一个极大值和一个极小值两个极值点。

(2)信号的特征尺度用极值点之间的时域信号下降沿定义。

(3)如果整个数据信号没有极值点但是有折点时,能够在进行一阶或几阶求导运算后,通过求积分获得。

这种方法的本质是通过数据的特征时间尺度来获得本征波动模式,然后分解数据。这种分解过程可以形象地称之为"筛选(sifting)"过程。筛选依据是由信号本身的固有特征尺度决定,筛选过程也是凭借经验进行的。由于任何复杂的时间序列都是由一些相互不同的、简单的、并非正弦函数的本征模式函数组成的。基于此,可从复杂的时间序列直接分离出从高频到低频的若干阶基本时间序列,即本征模式函数,简洁直观地显示复杂信号的时频特性。因此,EMD 方法是基于数据时域局部特征的,尤其适用于非线性、非平稳信号的分析。

对于信号 $x(t)$,经验模式分解首先要确定时间曲线 $x(t)$ 的所有峰值点;其次,用三次样条函数曲线顺序连接所有的最大值,得到曲线 $x(t)$ 的上包络线。采用同样的方法顺序连接所有的最小值,得到曲线 $x(t)$ 的下包络线,顺序连接上、下包络线的均值可得一条均值线 $m_1(t)$。

图 2.4 用粗实线给出了所分析的序列 $x(t)$。分别用◆和◇表示序列的最大值和最小值。用细线给出上包络线与下包络线。依据两条包络线计算平均值,并在图 2.4 中以虚线表示 $m_1(t)$。

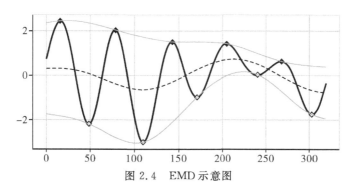

图 2.4　EMD 示意图

于是,可从下式计算得到

$$h_1(t) = x(t) - m_1(t) \tag{2-38}$$

从理论上讲 $h_1(t)$ 即为第一阶 IMF 分量,然后从原始信号中减去 $h_1(t)$ 即可获得信号的第一阶余量

$$r_1 = x(t) - h_1(t) \tag{2-39}$$

对 r_1 重复式(2-38)上面的过程,就可以获得第二阶 IMF 分量。通过 EMD 方法对信号

的一次次的筛分过程，就可以获得信号的多个 IMF 分量和余量 r 从而信号 $x(t)$ 可由下式表示：

$$x(t) = r_n + \sum_{i=1}^{n} h_i(t) \qquad (2-40)$$

上面的分解过程也可以解释为尺度滤波过程，每一个 IMF 分量都反映了信号的特征尺度，代表着非线性非平稳信号的内在模态特征。

如果 $h_1(t)$ 满足本征模式函数所需的条件，则 $h_1(t)$ 即为第一阶本征模式函数，但一般它并不满足条件。由于实际操作中，信号的真实上、下包络线难以求解，而只能以三次样条曲线进行近似的拟合。即使拟合得非常好，在信号单调上升或下降过程中的任何细小的拐点（平台）都有可能在筛分过程中转化为新的极值点，而这些新产生的极值点是前一次筛分过程中漏掉的，同样反映了信号的尺度特征，应该被包含在下一次的筛分过程中。筛分过程就是通过反复的筛分来分辨出那些低幅值的叠加波形，主要达到消除模态波形的叠加和使波形轮廓更加对称的目的。

基于以上目的，筛分过程就必须重复多次以获取 IMF。此时，就需将 $h_1(t)$ 看成新的时间曲线，重复上述方法，可得：

$$h_{11}(t) = h_1(t) - m_{11}(t) \qquad (2-41)$$

式中，$m_{11}(t)$ 是 $h_1(t)$ 的上、下包络线的均值曲线；按上述方法重复 k 次，直到 $h_{1k}(t)$ 满足本征模式函数的条件为止。$h_{1k}(t)$ 由下式计算：

$$h_{1k}(t) = h_{1(k-1)}(t) - m_{1(k-1)}(t) \qquad (2-42)$$

式中，$h_{1k}(t)$ 即为第一阶本征模式函数，可以记作 $c_1(t)$，$c_1(t) = h_{1k}(t)$。

整个处理过程就像一个筛子：从特征时间尺度出发，一步一步地把信号中所包含的模式分量分离出来，从而得到信号的第一阶本征模式函数 $c_1(t)$。

为了保证 IMF 分量在幅值和频率上都具有明确的物理定义，对筛分的迭代次数必须有所限制，过多的迭代次数将有可能使得 IMF 分量成为一个仅保留有频率调制特点的常幅值信号，而无法说明幅值变化的物理现象。可以利用式（2-43）所定义的标准偏差限制次数：

$$\text{SD} = \sum_{t=0}^{T} \frac{\left| h_{1(k-1)}(t) - h_{1k}(t) \right|^2}{h_{1(k-1)}^2(t)} \qquad (2-43)$$

研究表明，如果 SD 的值在 0.2~0.3 时，既能保证本征模式函数的线性和稳定性，又能使所得的 IMF 具有相应的物理意义。$h_{1k}(t)$ 即为所求的第一阶 IMF，记作 $c_1(t)$。

再由式（2-39）得到 $r_1(t)$，将 $r_1(t)$ 看作新的数据，重复上述过程就可以得到所有的 $r_j(t)$，当 $c_n(t)$ 或者 $r_j(t)$ 小于预定的误差模式分解时就可以终止；或者残差 $r_j(t)$ 成为单调函数时也可以终止，因为此时已经不能从中提取本征模式函数。最后 $x(t)$ 可以表示为

$$x(t) = r_n + \sum_{i=1}^{n} c_i(t) \qquad (2-44)$$

下面给出一个 MATLAB 仿真经验模式分解实例。

原始信号是一个非平稳、非线性的信号：

$$x(t) = \sin(2n \times 20t) + 2\cos(2T \times 60t)$$

使用 MATLAB 7.0 对其进行仿真，采样区间为 0~1 s，采样频率为 2000 Hz。上下包

络线采用三次样条插值的方法得到

下面给出 EMD 的 MATLAB 编程：

```
% % 定义一个信号
Ts= 0.001;
Fs = 1/Ts;
t=0:Ts:1;
y=sin(2 * 20 * t)+2 * cos(2 * 60 * t);
% % 对信号求导,查找信号里的极小值点和极大值点
d=diff(y);% 对信号求导
n=length(d);
d1=d(1:n-1);
d2=d(2:n);
indmin=find(d1. * d2<0 & d1<0)+1;% 找到极小值点的索引位置
indmax= find(d1. * d2<0 & d1>0)+1;% 找到极大值点的索引位置
% % 使用三次样条插值的方法,求信号的包络线
% 所有极小值的点+信号的两个端点,进行三次样条插值
envmin=spline([t(1) t(indmin) t(end)],[y(1) y(indmin) y(end)],t);
% 所有极大值的点+信号的两个端点,进行三次样条插值
envmax=spline([t(1) t(indmax) t(end)],[y(1) y(indmax) y(end)],t);

% % 绘制信号的包络线
figure
% 设置 figure 窗口的位置和尺寸
set(gcf,'units','normalized','position',[0.2 0.2 0.6 0.6]);
hold on
plot(t,y);% 绘制原始信号
plot(t,envmin,'r--');% 绘制下包络线
plot(t,envmax,'m--');% 绘制上包络线
xlabel('t');
ylabel('y');
legend({'原始信号','下包络线','上包络线'});
y=sin(2 * 20 * t)+2 * cos(2 * 60 * t);
imf =emd(y);
[m,n]=size(imf);
emd_visu(y,t,imf)
```

程序运行结果如图 2.5 所示。

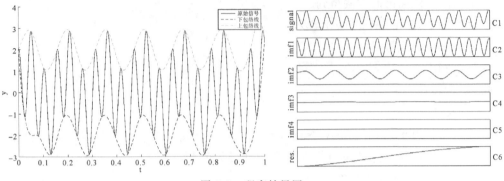

图 2.5　程序结果图

　　如果运行该程序，其结果为前几个图的频率较高的分量到频率较低分量的依次分布，C1 的频率为 60 Hz，C2 的频率为 20 Hz，C6 为残余分量。中间的三个分量 C3 到 C5 是由于包络线的拟合问题和停止准则的选取过于宽松所造成的。此实例可以证明 EMD 可以分解出原始信号中的所有频率成分。

2.5　包络解调

　　在机械振动、噪声信号的调制现象中包含有丰富的故障信息。因此，研究调制的产生机制对齿轮故障诊断，噪声质量评价，进而和谐化控制都是非常重要的。一般来说，机械振动、噪声信号既有幅值调制又有频率调制，按照信号处理及数学的观点，幅值调制相当于两个信号在时域上相乘，根据卷积定理，在频域上就相当于对应两个谱的卷积，参加幅值调制的两个信号，其频率较高的一个通常称为载波，相对频率较低的一个则被称为调制波。

　　例如齿轮箱在工作或者发生故障时，由其工作特性可知其振动信号具有调制特征。齿轮敲击现象是一种冲击，冲击本身是一个低频信号，但是通过振动传感器测量到的是系统的高频响应。包络分析法是一种提取载附在高频信号上的低频信号的方法。能将与故障有关的信号从高频调制信号中解调出来，从而避免了与其他低频干扰信号的混淆，从而广泛地应用于齿轮和轴承的特征提取。

　　包络分析法主要是通过信号采取包络检波的形式来形成包络谱，其原理主要是运用信号的包络谱峰进行故障类型的判断，这种方法的另外一种叫法是包络解调，主要优点是可以很好地解调出高频中的故障振动信号，为后续研究提供有效的去干扰能力。其原理图如图 2.6 所示。

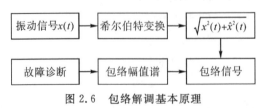

图 2.6　包络解调基本原理

流程图中希尔伯特变换的一个重要应用就是对含有调制的信号进行解调。用希尔伯特变换把一个实信号表示成一个复信号,可以研究实信号的包络。其基本定义如下:例如给定一个原始信号 $x(t)$,则希尔伯特变换可表示为

$$\hat{x}(t) = \frac{1}{\pi}\int_{-\infty}^{+\infty}\frac{x(t)}{t-\tau}\mathrm{d}\tau \qquad (2-45)$$

其中 $x(t)$ 为原始信号,而 $\hat{x}(t)$ 为变换后的复信号。那么 $x(t)$ 的解调信号 $\tilde{x}(t)$ 就可以表示为

$$\tilde{x}(t) = x(t) + j\hat{x}(t) \qquad (2-46)$$

而 $\tilde{x}(t)$ 的模也就是信号 $x(t)$ 的包络

$$|\tilde{x}(t)| = \sqrt{x^2(t)+\hat{x}^2(t)} \qquad (2-47)$$

总的来说,包络解调就是对原始信号 $x(t)$ 进行希尔伯特变换得到原始信号的虚部 $\hat{x}(t)$,由 $x(t)$ 和 $\hat{x}(t)$ 得到原始信号的包络,将所得包络求取幅值谱后可以获得故障信息成分。

MATLAB 仿真实例

现为观察时域特征值与频域特征值描述信号特征的效果,构造滚动轴承局部故障仿真信号,如下所示:

$$x(t) = \sum_{z}A_{z}w(t-T) + n(t) \qquad (2-48)$$

式中,z 为冲击个数;$n(t)$ 为添加的幅值为 0.5 的高斯白噪声;A_z 为随时间变化解调的振幅;t 为时间变量;$c(t)$ 为周期性冲击成分;$w(t)$ 为单个冲击成分;$T=0.01$ 为故障冲击产生的周期,原信号故障频率 $f=1/T=100$ Hz,采样频率 12000,采样点数 6000。仿真信号 $x(t)$ 的时域波形如图 2.7 所示。

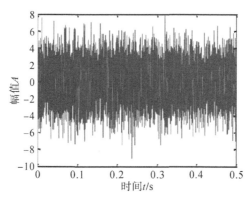

图 2.7 仿真信号时域波形

MATLAB 程序:

```
hua_baoluo(x,fs,1);
xlabel('频率/Hz',FontSize',17);  % x 轴标签'X2(t)'
ylabel('幅值 A', 'fontname',Times New Roman','Color',k ',FontSize',17);
title('仿真信号包络谱', FontSize',17);
```

画包络谱直接调用工具包"hua_baoluo",函数工具包如下:

```
function hua_baoluo( y,fs,style, varargin)
% ostyle=1,画包络谱;
% style=2,画包络功率谱;
% ostyle=其他,画包络谱和包络功率谱
% varargin=N,这个是用来设置需要在图中看到的点数,从起点开始到第 N 个点的包
络谱
y_hht=hilbert(y);%希尔伯特变换
y_an=abs(y_hht);%包络信号
y_an=y_an-mean(y_an);%去除直流分量
y_an_nfft= 2^nextpow2(length(y_an));        %包络的 DFT 的采样点数
y_an_ft=fft(y_an,y_an_nfft);              %包络的 DFT
y_an_f=fs*(0:y_an_nfft/2-1)/y_an_nfft;        %包络的频率序列
y_an_p=y_an_ft. *conj(y_an_ft)/y_an_nfft;
c=2*abs(y_an_ft(1:y_an_nfft/2))/length(y_an);
d=y_an_p(1:y_an_nfft/2);
if(nargin==4)
N=varargin{ 1};
else
N=length(c);
end
if style==1
plot(y_an_f(1:N/5),c( 1:N/5));
elseif style==2
plot(y_an_f(1:N),d(1:N));
else
subplot(211);
plot(y_an_f(1:N),c( 1:N));
ylabel('包络幅值');xlabel('频率');title('包络谱');
subplot(212);
plot(y_an_f(1:N),d(1:N));
ylabel('功率谱密度');xlabel('频率');title('包络功率谱');
end
end
```

程序运行结果如图 2.8 所示,仿真信号 $x(t)$ 的故障频率为 100 Hz,在图 2.4 中可以找到三条突出的谱线,对应频率分别为 99.61 Hz、199.2 Hz、300.3 Hz,与故障频率的 100 Hz、200 Hz、300 Hz 的倍频成分相差不足 1 Hz,实现了故障诊断。

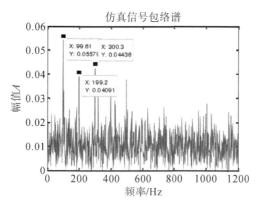

图 2.8　实验结果

2.6　小波变换

小波变换是一种信号的时间—尺度(时间—频率)分析方法,它具有多分辨分析的特点,而且在时频两域都具有表征信号局部特征的能力,是一种窗口大小固定不变但其形状可改变,时间窗和频率窗都可以改变的时频局部化分析方法。即在低频部分具有较低的时间分辨率和较高的频率分辨率,在高频部分具有较高的时间分辨率和较低的频率分辨率,很适合于分析非平稳的信号和提取信号的局部特征,所以小波变换被誉为分析处理信号的显微镜。在处理分析信号时,小波变换具有对信号的自适应性,也是一种优于傅里叶变换和窗口傅里叶变换的信号处理方法。

2.6.1　小波变换的原理

小波变换的含义是把某一被称为基本小波(mother wavelet)的函数作位移 τ 后,再在不同尺度 a 下,与待分析信号 $X(t)$ 作内积,即

$$WT_X(a,\tau) = \frac{1}{\sqrt{a}} \int_{-\infty}^{+\infty} X(t) \varphi^* \left(\frac{t-\tau}{a}\right) \mathrm{d}t \tag{2-49}$$

式中,$a>0$,称为尺度因子,其作用是对基本小波 $\varphi(t)$ 函数作伸缩,τ 反映位移,其值可正可负,a 和 τ 都是连续的变量,故又称为连续小波变换。在不同尺度下小波的持续时间随值的加大而增宽,幅度则与 $\sqrt{a}$ 反比减少,但波的形状保持不变。

2.6.2　连续小波变换

关于小波有两种典型的概念:连续小波变换、离散小波变换。

连续小波变换定义为

$$\mathrm{CWT}f(a,b) \leqslant x(t), \Psi_{a,b}(t) \geqslant \int_R x(t) \Psi_{a,b}(t) \mathrm{d}t = \int_R x(t) |a|^{\frac{1}{2}} \Psi\left(\frac{t-b}{a}\right) \mathrm{d}t$$

$$\tag{2-50}$$

可见,连续小波变换的结果可以表示为平移因子 a(见图 2.9)和伸缩因子 b(见图 2.10)的函数。

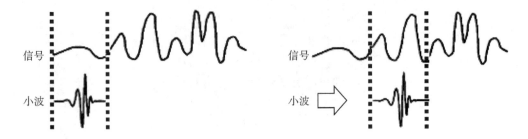

图 2.9　平移因子作用示意图

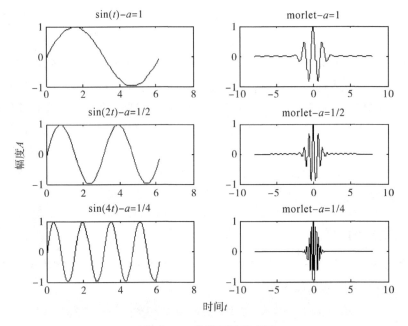

图 2.10　伸缩因子示意图

平移因子使得小波能够沿信号的时间轴实现遍历分析,伸缩因子通过收缩和伸张小波,使得每次遍历分析实现对不同频率信号的逼近。

2.6.3　连续小波变换实现过程

(1)选择一个小波基函数,固定一个尺度因子,将它与信号的初始段进行比较;

(2)通过 CWT 的计算公式计算小波系数(反映了当前尺度下的小波与所对应的信号段的相似程度);

(3)改变平移因子,使小波沿时间轴位移,重复上述两个步骤完成一次分析;

(4)增加尺度因子,重复上述三个步骤进行第二次分析;

（5）循环执行上述四个步骤，直到满足分析要求为止。如图 2.11 所示。

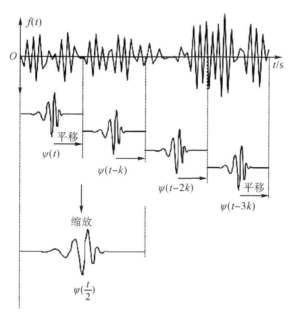

图 2.11　连续小波变换过程示意图

如果小波函数满足式（2－51）"容许"条件，那么连续小波变换的逆变换是存在的。

$$x(t) = \frac{1}{C_{\Psi}} \int_0^\infty \int_{-\infty}^\infty \mathrm{CWT}f(a,b) \Psi_{a,b}(t) \frac{1}{a^2} \mathrm{d}t\mathrm{d}a$$

$$= \frac{1}{C_{\Psi}} \int_0^\infty \int_{-\infty}^\infty \mathrm{CWT}f(a,b) |a|^{-\frac{1}{2}} \Psi\left(\frac{t-b}{a}\right) \frac{1}{a^2} \mathrm{d}t\mathrm{d}a \qquad (2-51)$$

小波变换 DWT（ discrete wavelet transform，DWT ）就是对尺度参数按幂级数进行离散化处理，对时间进行均匀离散取值（要求采样率满足尼奎斯特采样定理）。

$$\mathrm{DWT}x(m,n) \leqslant x(t), \Psi_{m,n}(t) \geqslant 2^{-\frac{m}{2}} \int_R x(t) \Psi(2^{-m}t - n) \mathrm{d}t \qquad (2-52)$$

2.6.4　正交小波变换与多分辨分析

多分辨分析也称为多尺度分析，是建立在函数空间概念上的理论。它构造了一组正交基，使得尺度空间与小波空间相互正交。随着尺度由大到小的变化，可在各尺度上由粗及精地观察目标。这就是多分辨率分析的思想。在离散小波框架下，小波系数在时间－尺度空间域上仍然具有冗余性，在数值计算或数据压缩等方面仍然希望这种冗余度尽可能小。在小波变换发展过程中，斯特郎伯格、梅耶、勒梅尔、巴特勒和多贝西等先后成功地构造了不同形式的小波基函数的基础上，是梅耶和马拉特将小波基函数的构造纳入了一个统一的框架中，形成了多分辨分析理论。多分辨率分析理论不但将在当时之前的所有正交小波基的构造统一了起来，而且为此后的小波基的构造设定了框架。

对于小波基函数为 $\Psi(t)$，如果函数族 $\{\Psi_{j,k}(t) = 2^{j/2}\Psi(2^j t - k) \mid j,k \in Z\}$ 构成 $L^2(R)$ 内的正交基，就称小波为正交小波，在正交小波基础上进行的小波变换称为正交小波变换，只有满足正交小波变换才可称为多分辨分析,正交小波变换是完全没有冗余的,非常适合做数据压缩。

2.6.5 小波包分析

小波包分析可以看作是小波分解的一种推广方法,利用小波包进行分析可以得到对信号更为精细的分析结果。通过将频带进行多层次划分,对多分辨分析没有细分的高频分量部分进一步分解,并根据被分析信号特征,通过自适应地选择相应频带,达到与信号频谱的匹配,实现精细化处理。小波包原子是一种被时间、尺度和频率来表征的函数波形,对于一个给定的正交小波函数,我们能够在此基础上生成一组基,这组基一般称为小波包基。简单地说,小波包就是一个函数族,可以由这组函数族构造出 $L^2(R)$ 的标准正交基库,从这组标准正交基库中可以选择出多组标准正交基,对于多分辨分析小波变换(正交小波变换)只是选择了其中的一组基,从这个意义上讲小波包就是小波变换的一种推广,如图 2.12 所示。

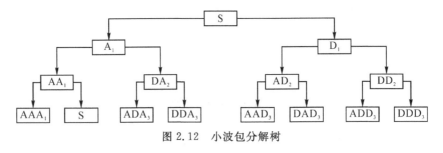

图 2.12　小波包分解树

2.6.6 几种常用的小波简介

(1)Morlet 小波,它是高斯包络下的单频率复正弦函数:

$$\varphi(t) = e^{\frac{t^2}{2}} e^{j\omega_0 t}$$

$$\Psi(\omega) = \sqrt{2}\pi e^{-(\omega-\omega_0)^2/2}$$

$$(2-53)$$

这是一个相当实用的小波,它的时频域局部性能都比较好,由于 $\Psi(\omega)$ 在 $\omega=0$ 处的斜率很小,所以 $\Psi(\omega)$ 在 $\omega=0$ 处的一阶、二阶导数也近似为 0。

(2)Marr 小波,也叫墨西哥草帽小波,它是高斯函数的二阶导数。

$$\varphi(t) = (1-t^2) e^{-\frac{L^2}{2}} \quad \varphi(t) = (1-t^2) e^{-\frac{t^2}{2}}$$

$$\Psi(t) = \sqrt{2}\pi\omega^2 e^{-\frac{\omega^2}{2}} \quad \Psi(t) = \sqrt{2}\pi\omega^2 e^{-\frac{\omega^2}{2}}$$

$$(2-54)$$

在 $\omega=0$ 处,$\Psi(\omega)$ 有二阶零点,满足容许条件,且小波系数随 ω 衰减较快,Marr 小波比较接近人眼视觉响应特性。

(3)DOG(difference of gaussian)小波,它是两个尺度差一倍的高斯函数之差。

$$\varphi(t) = e^{-\frac{t^2}{2}} - \frac{1}{2} e^{-\frac{t^2}{8}}$$

$$\Psi(t) = \sqrt{2}\pi\left[e^{-\frac{\omega^2}{2}} - e^{-2\omega^2}\right]$$

$$(2-55)$$

在 $\omega=0$ 处,$\Psi(\omega)$ 及其一阶导数均为零,即 DOG 小波在 $\omega=0$ 处有二阶零点。

（4）多贝西小波，法国学者多贝西经过对尺度取 2 的整幂（即 $a = 2j$）条件下的小波变换进行深入研究，提出了一类具有以下特点的小波，称为 Daubechies 小波，其特点是

①在时域上是有限支撑的，即 $\varphi(t)$ 长度有限，其高阶原点矩 $\int t^{pq(t)} \, dt = 0$，$p = 0 \sim N$，N 值愈大，$\varphi(t)$ 的长度就愈长。

②在频域上，$\Psi(w)$ 在 $\omega = 0$ 处有 N 阶零点。

③ $\varphi(t)$ 和它的整数位移正交归一。

（5）Haar 小波，Haar 函数是一组互相正交归一的函数集，它是支撑域在 $t \in [0,1]$ 范围内的单个矩形波，即

$$\Psi(t) = \begin{cases} +1, 0 \leqslant t \leqslant \dfrac{1}{2} \\ -1, \dfrac{1}{2} \leqslant t \leqslant 1 \end{cases} \quad (2-56)$$

$$\Psi(\omega) = \mathrm{j}^{-\frac{4}{\omega}} \sin^2\left(\frac{\omega}{4}\right) \mathrm{e}^{-\mathrm{j}\frac{\omega}{2}}$$

Haar 小波在 $\omega = 0$ 处只有一阶零点，它在时域上也不是连续的，因此它作为基本小波性能并不好，但它的主要优点是计算简单、$\varphi(t)$ 不但与 $\varphi(2t)$ 正交，而且也与自己的整数位移正交，因此在教材中常被用来作为示例。

2.6.7　MATLAB 程序仿真

这个程序首先画出原函数 $f = \sin(0.03t)$ 的图像，然后画出原函数加上噪声的图像，在将加了噪声的函数进行 db3 小波降噪和 sym8 小波降噪，并画出了信号降噪后的图像。

程序：

```
N=1000;
t=1:1000;
f=sin(0.03*t);
load noissin;
e=noissin;
subplot(221);
plot(t,f);
xlabel('y样本序列');
ylabel('原始信号幅值');
grid;
subplot(222);
plot(e);
xlabel('样本序列n');
ylabel('含有噪声的信号幅值');
grid;
```

```
s1＝wden(e,′minimaxi′,′s′,′one′,5,′db3′);
subplot(223);
plot(s1);
xlabel(′样本序列 n′);
ylabel(′db3 小波降噪后的信号幅′);
grid;
s2＝wden(e,′heursure′,′s′,′one′,5,′sym8′);
subplot(224);
plot(s2);
xlabel(′样本序列 n′);
ylabel(′sym8 小波降噪后的信号幅′);
grid;
```

程序运行结果如图 2.13 所示

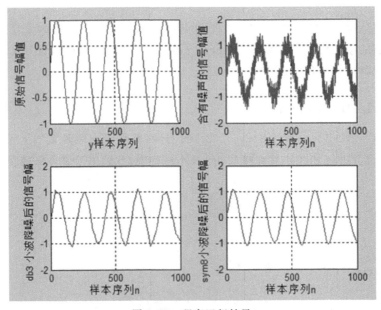

图 2.13 程序运行结果

2.7 稀疏分解算法

稀疏理论是最近兴起的信号分析理论,并广泛应用在医疗成像、模式识别、雷达探测、地质勘探、图像压缩等领域。其主要思想是通过构造过完备字典来稀疏地表达特征信息,并快速地重构稀疏子空间信号。稀疏理论孕育于在马拉特的匹配追踪理论中,由多诺霍在 1998 的原子分解基追踪的理论中正式提出并进行了大量的理论研究,随后斯塔克等把稀疏思想运用于图像的多成分分离,提出了形态成分分析理论并应用于宇航图像分析中。文卡运用凸优化理论对稀疏分解理论进行了深入的理论建模和论证;埃拉德提出了 K-SVD 字典学习理论来组建稀疏过完备基,并成功地运用到了图像的稀疏分析中;斯蒂芬和 Yin 等提出了 ADMM 算法并应用于稀疏重构问题求解,不但获得了算法的快速收敛特性,并且在大数据处理和分布式计算方面显示了优越的性能。

相比于传统基于基分解的信号分析方法,稀疏表示方法满足信号稀疏表示的需要,信号中包含的信息或能量将集中在少数原子上,便于对信息的提取、应用和后处理,同时稀疏分解采用的过完备原子字典包含各种种类的原子,可以自适应地从字典中选取和信号内在结构最匹配的原子来表示信号。获取信号在过完备字典下的最优稀疏表示或稀疏逼近的过程叫作信号的稀疏分解,这是稀疏表示能否在实际图像处理中应用的基本问题。但是由于 L0 范数的非凸性,在过完备字典之下求最合适。

稀疏分解主要采用的逼近算法有凸松弛法和贪婪法,凸松弛法包括基追踪(BP),基追踪去噪算法(BPDN),平滑 L0 范数(SL0)等算法;贪婪法包括匹配追踪(MP),正交匹配追踪(OMP),弱匹配追踪等算法。

2.7.1　凸松弛法

凸松弛算法的核心思想就是用凸的或者是更容易处理的稀疏度量函数代替式(2-57)中非凸的 L0 范数,通过转换成凸规划或非线性规划问题来逼近原先的组合优化问题,变换后的模型则可采用诸多现有的高效算法进行求解,降低了问题的复杂度。这里主要介绍的是基追踪算法(BP)与基追踪去噪算法(BPDN)。这两个算法的基础是用 L1 范数替代 L0 范数即将 $\min \| x \|_0$ subject to $y = Dx$ 转化为式(2-57)

$$\min \| x \|_1, 当 \| y - Dx \|_2 < \varepsilon \tag{2-57}$$

基追踪:我们将 L1 范数替换 L0 范数之后,稀疏表示模型:

$$\min \| x \|_1, 当 y = Dx \tag{2-58}$$

就变成了一个常见的线性规划问题,可以用单纯性算法或内点法来求解。

基追踪去噪:把上式的模型加以变形为

$$\min(x) \tfrac{1}{2} \| y - Dx \|_2 + i \| x \|_1 \tag{2-59}$$

这个称为 L1 范数最小二乘规划问题,可以用梯度下降或梯度投影法进行快速地求解。凸松弛算法的有效性依赖于过完备字典自身是否存在快速的变换与重建算法,例如对于正交基字典算法具有较高的效率,然而对于一般的过完备字典,凸松弛算法仍具有非常高的运算复杂度。

2.7.2　贪婪法

稀疏解 x 包括非 0 系数的位置索引和幅值两个信息,贪婪法的主体思路是先确定 x 中非 0 元素的位置索引,然后用最小二乘求解对应的幅值。与凸松弛算法相比,贪婪法具有比较低的复杂度。

这里主要介绍的算法是匹配追踪算法(MP)与正交匹配追踪算法(OMP)。因为这两个算法是复杂贪婪算法的基础。

1. 匹配追踪法

MP 算法的基本思路是在每一次的迭代过程中,从过完备字典 D 中选择与信号最为匹配的原子来构建稀疏逼近,并且求出信号表示残差。之后继续选择与信号残差最为匹配的原子,再经过一定次数的迭代,信号就可以由多个原子线性地表示。

x 为信号,g_y 为用于稀疏分解的过完备字典的原子(即列向量),Γ 为 r 的集合。原子都做了归一化处理 $\parallel g_y \parallel = 1$。

首先从过完备库中选出与待分解信号 x 最为匹配的原子 g_{y_0},何为最为匹配?就是信号在原子 g_{y_0} 上的投影最大时:

$$|\langle x, g_{r_0} \rangle| = \sup_{\gamma \in \Gamma} |\langle x, g_\gamma \rangle| \qquad (2-60)$$

信号可以分解为在最佳原子上的分量和残余信号两部分,即为

$$x = \langle x, g_{r_0} \rangle g_{r_0} + R_1 x \qquad (2-61)$$

式中,$R_1 x$ 为残余信号;g_{y_0} 初始值 $R_0 = x$。

由投影的原理可知 g_{y_0} 与 $R_1 x$ 是正交的,故可得:

$$\parallel R_0 \parallel^2 = |\langle x, g_{r_0} \rangle|^2 + \parallel R_1 \parallel^2 \qquad (2-62)$$

由上式可知要使残差 R_1 最小,则投影值 $|\langle x, g_{r_0} \rangle|$ 要求最大。对最佳匹配后的残余信号可以不断进行上面同样的分解过程,即 $R_k x = \langle R_k x, g_{r_k} g_{r_k} \rangle + R_{k+1} x$,其中 g_{y_k} 满足 $|\langle R_k x, g_{r_k} \rangle| = \sup\limits_{\gamma \in \Gamma} |\langle R_k x, g_{r_k} \rangle|$ 要求。

由此经过 n 次迭代之后信号被分解为

$$x = \sum_{k=0}^{n-1} \langle R_k x, g_{r_k} \rangle g_{r_k} + R_n x \qquad (2-63)$$

$R_n x$ 表示为信号分解为 n 个原子的线性组合时信号的残差。由于我们使用每步都取最优原子,故可知残差是会迅速下降的,当 n 达到无穷时,残差即无限接近于 0。我们可以根据自己的要求设置 n 的值来使信号稀疏,n 也可以称为信号的稀疏度。

但是由于信号在已经选择的原子上面的投影一般都不会正交,所以每次迭代的结果都不是最优的。故我们要求达到设想的收敛条件,可能需要过多的迭代次数,计算复杂度比较大。所以我们思考如何改进算法可以有效减少复杂度,正交匹配追踪应运而生了。

2. 正交匹配追踪

正交匹配追踪算法与匹配追踪算法的唯一的区别是我们在递归地对所选择原子集合进行了正交化处理,这样我们可以保证每次结果都是最优的,从而可以有效地减少迭代次数,提高算法效率。

即在每次选择的原子 g_{r_k} 用 Rram - Schmidt 正交化处理:

其中 U_p 为上一次的原子正交结果,初始 $U_p = g_{r_0}$。

$$u_k = g_{r_k} - \sum_{p=0}^{k-1} \frac{\langle g_{r_k}, u_p \rangle}{\parallel u_p \parallel^2} u_p \qquad (2-64)$$

需要注意信号现在在原子正交化的 U_k 上投影而非原来的原子上投影了。其余步骤与匹配追踪一样。

转子系统虚实结合故障诊断实验

第3章

转子系统是对所有做旋转运动零部件的统称,我们日常生活、生产中所接触的机械设备大部分都包含做旋转运动的转子系统。转子系统实现了设备动力传动、能量传递的主要功能,大的转子系统有大型电动机、发电机、汽轮机、透平机械等,小的有机械手表、陀螺等,转子系统广泛应用在航空航天、机械制造、石化化工等领域中。

机械转子系统由于其复杂性、支承条件的特殊性和存在多种非线性因素等,因而在工作中经常会产生各种故障,如果不能及时发现和处理,可能会导致重大事故和损失。

机械转子系统在能量的传递、转化过程中,如不平衡元件的高速回转、传动元件的制造误差或磨损等都会产生不希望的有害振动。在诸多情况下,振动和噪声是联系在一起的,如物体在冲击或交变载荷作用下发生振动,会诱发表面的空气振动而形成向四周辐射的噪声。由于转子故障所引起的振动和噪声对工业生产和人们的日常生活影响很大;对于加工类设备,振动会影响加工精度,导致设备零部件损坏;对于仪器仪表,振动会影响精密仪器仪表的正常运行,影响对仪器仪表的刻度阅读的准确性和阅读速度,甚至根本无法读数,如振动过大,会直接影响仪器仪表的使用寿命。对于工人和操作人员,振动使他们的视觉受到干扰,手的动作受到妨碍,精力难以集中,造成操作速度下降,生产效率降低,工人感到疲劳,并且可能出现质量事故,甚至安全事故。长时间暴露在强噪声环境中会使听力受到损害,人在较强的噪声环境下暴露一定时间会出现听力下降的现象,到宁静的场所停留一段时间,听觉就会恢复,这种现象叫作暂时性听阈偏移,也叫作听觉疲劳。

为此,机械转子系统的状态监测及故障诊断技术对于保证转子系统正常工作,降低事故率,提高设备维护维修效率至关重要,同时对各种工业振源与噪声源危害及污染问题的控制和治理也是各行各业的主要问题和重要的科研目标,对企业经济效益和国民经济发展具有重要意义。

转子系统虚实结合故障诊断实验的目的主要有

(1)了解转子不平衡、不对中、碰磨等故障的种类及造成故障的原因。

(2)通过虚拟仿真试验,掌握转子不平衡故障的主要振动特征。

(3)掌握转子故障的诊断方法及治理措施。

3.1 转子不平衡的故障机理研究与诊断

转子不平衡是由于转子部件质量偏心或转子部件出现缺损造成的,它是旋转机械最常见的故障。据统计,旋转机械约有一半以上的故障与转子不平衡有关。因此,对不平衡故障的研究与诊断也最有实际意义。

3.1.1 转子不平衡的种类

造成转子不平衡的具体原因很多,按发生不平衡的过程可分为原始不平衡、渐发性不平衡和突发性不平衡等几种情况。

原始不平衡是由于转子制造误差、装配误差以及材质不均匀等原因造成的,如出厂时动平衡没有达到平衡精度要求,在投用之初,便会产生较大的振动。

渐发性不平衡是由于转子上不均匀结垢,介质中粉尘的不均匀沉积,介质中颗粒对叶片及叶轮的不均匀磨损以及工作介质对转子的磨蚀等因素造成的。其表现为振幅随运行时间的延长而逐渐增大。

突发性不平衡是由于转子上零部件脱落或叶轮流道有异物附着、卡塞造成,机组振幅突然显著增大后稳定在一定水平上。

不平衡按其机理又可分为静失衡、力偶失衡、准静失衡、动失衡等四类。

3.1.2 不平衡故障机理

设转子的质量为 M,偏心质量为 m,偏心距为 e,如果转子的质心到两轴承连心线的垂直距离不为零,具有挠度为 a,如图 3.1 所示。

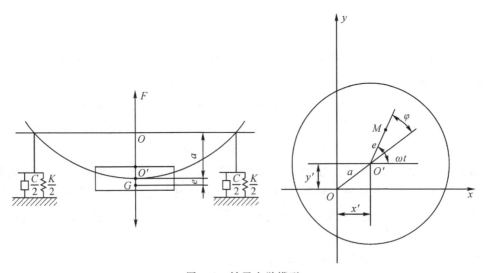

图 3.1 转子力学模型

由于有偏心质量 m 和偏心距 e 的存在,当转子转动时将产生离心力、离心力矩或两者兼而有之。离心力的大小与偏心质量 m、偏心距 e 及旋转角度 ω 有关,即 $F = me\omega^2$。众所周知,交变的力(方向、大小均周期性变化)会引起振动,这就是不平衡引起振动的原因。

3.1.3 不平衡故障的特征

实际工程中,由于轴的各个方向上刚度有差别,特别是由于支承刚度各向不同,因而转子对平衡质量的响应在 x、y 方向不仅振幅不同,而且相位差也不是 $90°$,因此转子的轴心轨迹不是圆而是椭圆,如图 3.2 所示。

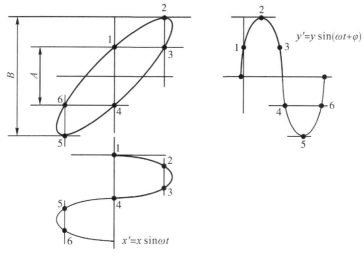

图 3.2　转子不平衡的轴心轨迹

由上述分析知,转子不平衡故障的主要振动特征如下。

（1）振动的时域波形近似为正弦波。

（2）频谱图中,谐波能量集中于基频,并且会出现较小的高次谐波,使整个频谱呈所谓"枞树形",如图 3.3 所示。

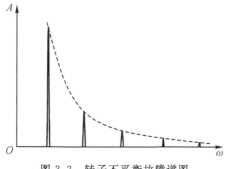

图 3.3　转子不平衡故障谱图

（3）当 $\omega < \omega_n$ 时,即转速在临界转速以下,振幅随着转速的增加而增大；当 $\omega > \omega_n$ 时,即转速在临界转速以上,转速增加时振幅趋于一个较小的稳定值；当 ω 接近 ω_n 时,即转速接近临界转速时,发生共振,振幅具有最大峰值。可见振幅对转速的变化很敏感。

（4）当工作转速一定时,相位稳定。

（5）转子的轴心轨迹为椭圆。

（6）从轴心轨迹观察其进动特征为同步正进动。

3.1.4 实验步骤

1.测试系统设计

进行一项测试前需要先设计出一套完整的测试方案,包括测试对象、所选传感器、传感器的布点等,这些都需要在测试方案中明确写出。如图 3.4 所示为我们设计的测试系统。

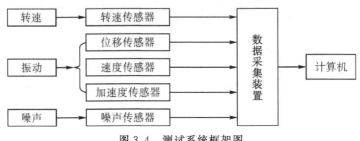

图 3.4　测试系统框架图

振动测试传感器按照所测运动量可分为位移传感器、速度传感器、加速度传感器。按力学原理可分为直接式和惯性式,直接式传感器以固定在地面的定参考系作为基准来测量绝对运动或者相对运动,通常用于测相对运动。惯性式传感器为单一自由度系统,相对于底座的相对运动正比于底座(即试件)的绝对运动。按换能原理可分为机械式、机电式和光学式等。其中机电式最常用,又可细分为压电加速度计、压阻加速度计、应变计加速度计、变阻式传感器、静电(电容)式传感器、箔式应变计、变磁阻式传感器、磁滞伸缩式传感器、运动导体式传感器、动圈式传感器、感应式传感器和电子式传感器等。

传感器的选择除了需要考虑测量哪种运动量以外,还要注意以下问题:测试前要大致估计被测试量的频率范围,并检查它是否落在传感器幅频曲线的工作频带内;要注意传感器的相移是否满足要求;估计被测系统可能产生的最大振动量级,并检查它是否超过所采用传感器额定最大冲击值的三分之一,一般来说,低灵敏度传感器可用于高振动量级振动,反之低量级振动应采用高灵敏度传感器,以提高信噪比;要估计实验环境,检查所采用的传感器是否能满足要求,由于课程教学是在实验室环境下,环境较好,因此一般传感器都可以满足该实验环境要求。

振动测量可以通过测量结构的振动位移或振动速度、加速度获得。振动位移的测量可以由电涡流位移传感器对单点测量获得,位移传感器一般直接测量转轴的振动位移,信号噪声较小,另外同时可以选用速度和加速度传感器来测量轴承座和底座的振动。此外,本实验还需要测量出转子转速。转速测量一般可选用光电式传感器,常用的光电式转速传感器有反射式和投射式等,投射式通过安装在被测轴上的多孔圆盘,控制照射到光电元件上的光通量强弱,从而产生与被测轴转速成比例的电脉冲信号,反射式通过轴上的反光标签进行反射,光信号经整体放大电路和数字式频率计即可显示出相应的转速值。市场上的光电式转速传感器的测速范围可达到每分钟几十万转,使用方便,对被测轴无干扰。本实验可选用反射式光电转速传感器,只需要在轴上贴上一定数量的反光标签即可。

2. 试验台系统说明

试验台主体使用 DHRMT 教学转子实验台,该教学转子实验台结构简单,操作方便,性能稳定。可以模拟转子系统的各种运行状态和多种典型故障,数据采集仪器和分析软件配套使用,可以形成一个多用途、综合性的转子系统实验平台。

试验台采用调速电机,通过联轴节将电机和转轴连接并驱动转轴转动。电机额定电流 1.95 A,最大输出功率 148 W,控制器将 220VAC 输入电源通过控制器调压、整流后输出 PWM 信号供给调速电机,通过调节控制器,可以实现电机 0~8000 r/min 的无级调速。

转子实验台尺寸:长 810 mm,宽 335 mm,高 133 mm;转轴尺寸:长 560 mm,直径 10 mm;转子圆盘参数:直径 78 mm、厚度 25 mm、质量 800 g。转子圆盘、传感器以及轴承可根据需要固定在转轴的任意位置。

试验台整体如图 3.5 所示,该实验台由以下几部分组成:V 型底座及底座支架、调速电机、传感器及轴承座、挠性联轴节、转轴及转子圆盘等。

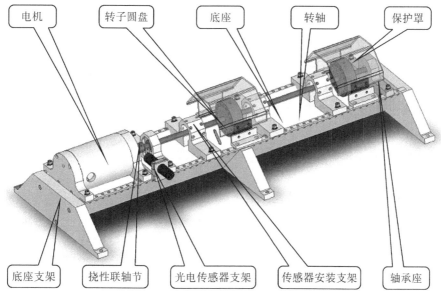

图 3.5　DHRMT 教学实验单跨转子台示意图

(1)底座及底座支架:用于支撑转子实验台,固定其他零部件。

(2)电机:电机固定在底座上,通过挠性联轴节和转轴相连,驱动转子系统转动,和控制器配合实现调速功能。

(3)联轴节:用来连接调速电机和转轴。

(4)转轴及转子圆盘:构成转子系统,模拟旋转机械的动力特性。

(5)轴承座:固定轴承和转轴。

(6)传感器支架:传感器支架主要有两类。一类用于固定测量转速的光电传感器;另一类是电涡流传感器。

3. 试验台控制器

转子试验台控制器为教学转子试验台的配套产品,主要功能是将输入电源的 220VAC

调理为调速电机可用的 PWM 信号,以便根据不同的试验需要,控制转子系统的工作转速;为了方便实验,电涡流位移传感器信号的前置放大器也内置在内。

教学实验单跨转子台控制器的前面板功能按键依次从左向右、从上而下为电源开关指示灯、电源开关按钮、启动/停止指示灯、启动/停止按钮、最高转速显示屏幕、当前转速显示屏幕、最高转速设定旋钮、转速变化率设定旋钮、升速指示灯、升速按钮、稳速指示灯、稳速按钮、降速指示灯、降速按钮。具体功能说明如下。

(1)电源开关指示灯:接通电源时,电源开关指示灯变亮;断开电源时,电源指示灯熄灭。

(2)电源开关按钮:通过按钮的切换实现接通和断开电源。

(3)启动/停止指示灯:接通电源后,指示灯点亮,此时为停止状态,指示灯熄灭后为启动状态。

(4)启动/停止按钮:用于启动或停止电机运行,接通电源,按一下为启动,再按一下为停止。

(5)最高转速显示屏幕:显示设定的最高转速值。

(6)当前转速显示屏幕:显示运行状态下的当前电机转速值。

(7)最高转速设定旋钮:用于限定电机最高转速。

(8)转速变化率设定旋钮:用于调整电机升降速的快慢程度。

(9)升速指示灯:在升速状态下点亮。

(10)升速按钮:用于调高电机转速。

(11)稳速指示灯:在稳速状态下点亮。

(12)稳速按钮:用于使转速稳定在当前的运行速度。

(13)降速指示:在降速状态下点亮。

(14)降速按钮:用于调低电机转速。

教学转子试验台控制器的后面板接口依次从左向右、从上而下为 4 个电涡流位移传感器信号输入接口(L5 头)、4 个电涡流位移传感器信号输出接口(Q9 头)、1 个转速输入接口(雷莫头)、1 个转速输出接口(Q9 头)、接地端、电机电源、电源输入端。具体功能说明如下。

(1)电涡流位移传感器信号输入/输出接口:电涡流传感器采集的信号通过输入端输入控制器,在控制器里完成信号调理,直接从输出端输出电压信号。

(2)转速输入/输出接口:输入光电传感器采集的转速信号,并把转速信号输出到数采仪器。

(3)接地端:接地输出。

(4)电机电源:输出直流电机工作所需的直流电。

(5)电源输入端:连接 220VAC 电源,给 DHRMT 教学转子试验台控制器供电。

4. 测试系统搭建

按照测试系统方案,将传感器、转子台控制器、数据采集仪、计算机连接成完整的测试系统,如图 3.6 所示。

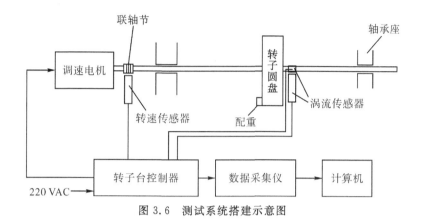

图 3.6 测试系统搭建示意图

　　在转子圆盘的某个位置集中加上配重,使整个单跨转子台系统产生明显的不平衡状态。调整涡流传感器的位置,将其安装在转子圆盘附近,用来测量由于转子不平衡引起的振动。

　　设置好转子台控制器,主要是设置转子台的最高转速,接通数据采集仪电源,并打开电源开关,点击计算机桌面上的软件图标进入分析软件,选择阶次分析软件。

5. 试验

　　(1)接通转子台控制器电源,打开控制器开关,启动控制器,将转子台转动起来,使转子台稳定在某一转速。

　　(2)打开数据采集软件,设置采样频率,对每个采集通道设置传感器类型、灵敏度、量程、信号输入方式等。在软件界面打开几个显示窗口,分别为电涡流传感器信号时域分析波形、频谱、轴心轨迹图、磁电式速度传感器及压电加速度传感器时域波形及频谱图,通道清零后,启动采样。

　　(3)此时可在时域分析波形中观察到由电涡流传感器得到的位移信号曲线,改变转速(升高或降低转速),观察曲线的变化情况。转速降低后,位移信号曲线位移值会逐渐变小;在转速升高后,位移信号曲线幅值会不断增大,且时域波形接近正弦波。

　　(4)在频谱图中观察对应电涡流传感器所在位移信号曲线的阶次谱图。在谱图中,其主要特征频率为 1 倍频(基频),常伴有较小的高次谐波频率成分。

　　(5)观察磁电式速度传感器及压电加速度传感器时域波形及频谱图,分析和电涡流传感器时域、频域波形的区别。

　　(6)选择轴心轨迹图,观察水平位置和垂直位置所在电涡流传感器得到的位移信号所合成的轴心轨迹图。

　　(7)改变转子上不平衡质量的位置和重量,重新观察位移信号曲线、阶次谱和轴心轨迹曲线的变化情况,并结合不平衡故障的特征进行分析和故障判断。

　　(8)改变转速重新观察位移信号曲线、阶次谱和轴心轨迹曲线的变化情况,并结合不平衡故障的特征进行分析和故障判断。

　　(9)导出数据,课下进行数据分析及故障诊断,撰写实验报告。

　　(10)实验完成后,关闭软件,停止转子台工作状态,关掉仪器电源等,将实验台收拾干净后离开。

3.1.5　转子不平衡故障的诊断图谱

转子不平衡的诊断依据主要见表 3.1 和表 3.2。

表 3.1　转子不平衡的故障特征

序号	特征参量	故障特征		
		原始不平衡	渐变不平衡	突发不平衡
1	时域波形	正弦波	正弦波	正弦波
2	特征频率	1×	1×	1×
3	常伴频率	较小的高次谐波	较小的高次谐波	较小的高次谐波
4	振动稳定性	稳定	逐渐增大	突发性增大后稳定
5	振动方向	径向	径向	径向
6	相位特征	稳定	渐变	突变后稳定
7	轴心轨迹	椭圆	椭圆	椭圆
8	进动方向	正进动	正进动	正进动
9	矢量区域	不变	渐变	突变后稳定

表 3.2　转子不平衡的振动敏感参数

序号	敏感参数	振动随敏感参数变化情况		
		原始不平衡	渐变不平衡	突发不平衡
1	振动随转速变化	明显	明显	明显
2	振动随油温变化	不变	不变	不变
3	振动随介质温度变化	不变	不变	不变
4	振动随压力变化	不变	不变	不变
5	振动随流量变化	不明显	不明显	不明显
6	振动随负荷变化	不明显	不明显	不明显
		运行初期振动值就处于较高的水平	振动随着运行时间逐步增大	振幅突然增加,然后稳定

对于原始不平衡、渐变不平衡和突发性不平衡这三种形式,其共同点较多,但可以从以下两个方面对其进行甄别。

1. 振动趋势不同

(1)原始不平衡:在运行初期机组的振幅就处于较高的水平,见图 3.7 (a);

(2)渐变不平衡:运行初期机组振幅较低,随着时间的推移,振幅逐步升高,见图 3.7(b);

(3)突发不平衡:振幅突然升高,然后稳定在一个较高的水平,见图 3.7 (c)。

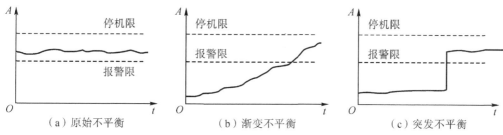

图 3.7 几种不同性质的不平衡的振幅变化趋势

2. 矢量域变化不同

(1)原始不平衡:矢量域稳定于某一允许的范围,见图 3.8(a);

(2)渐变不平衡:矢量域逐渐变化,见图 3.8(b);

(3)突发不平衡:矢量域某一时刻发生突变,见图 3.8 (c),然后稳定。

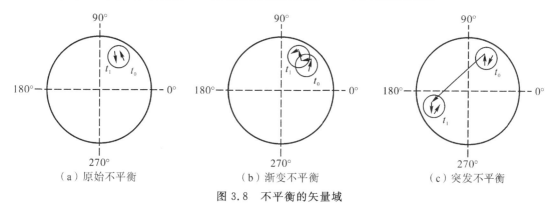

图 3.8 不平衡的矢量域

3.1.6 转子不平衡故障原因分析及治理措施

上述三类转子不平衡的故障原因分析及相应治理措施见表 3.3。

表 3.3 转子不平衡故障原因分析与治理措施

序号	原因分类	故障原因		
		初始不平衡	渐变不平衡	突发不平衡
1	设计原因	① 结构不合理	①结构不合理,易结垢 ②材质不合理,易腐蚀	①结构不合理,应力集中 ②系统设计不合理,造成异物进入流道
2	制造原因	①制造误差大 ②材质不均匀 ③动平衡精度低	①材质用错 ②光洁度不够,易结垢 ③表面处理不好,易腐蚀	①热处理不良,有应力 ②入口滤网制造缺陷

续表

序号	原因分类	主要原因		
		初始不平衡	渐变不平衡	突发不平衡
3	安装维修	①转子上零部件安装错误 ②零件漏装	转子未除垢	转子有较大预负荷
4	操作运行	—	①介质带液,造成腐蚀 ②介质脏,造成结垢	①超速、超负荷运行 ②入口阻力大,导致部件损坏,进入流道 ③介质带液,导致腐蚀断裂
5	状态劣化	转子上配合零件松动	①转子回转体结垢 ②转子腐蚀	①疲劳,腐蚀 ②超期服役
6	治理措施	①按技术要求对转子进行动平衡 ②按要求对位安装转子上的零部件 ③消除转子上松动的部件	①转子除垢,进行修复 ②定期检修 ③保证介质清洁,不带液,防止结垢和腐蚀	①停机检修,更换损坏的转子 ②停机清理流道异物 ③消除应力,防止转子损坏

3.1.7 影响系数法动平衡实验

对于不平衡转子系统,可以对其进行动平衡操作,消除不平衡故障,降低振动和噪声。本动平衡实验主要是依据影响系数法来实现的,其基本思想:转子与转轴组成的振动系统是一个线性系统,因此轴承处的振动响应是各平衡面的不平衡量独自引起的振动响应的线性叠加。各平衡面上单位不平衡量在各轴承处引起的振动响应称为影响系数。在现场动平衡的做法就是通过确定各个影响系数来求出应该加(减)的平衡校正量。

对于双面动平衡的计算,首先都要选择试加重,试加重量是否合适,不但关系到转子平衡工作的顺利与否,而且还关系到转子平衡成功与否。通常,当转子在机器本体上进行平衡时,每一个加重平衡面上的试加重量由下式求得

$$P = A_0 \frac{Gg}{r\omega^2 S} \tag{3-1}$$

式中,P 为转子某一侧端面上的试加重量;A_0 为转子某一侧轴承的原始振幅;r 为加重半径;ω 为平衡时转子角速度;G 为转子质量;g 为重力加速度;S 为灵敏度系数。

对于转子较短、转盘又较薄的平盘类转子用单平面平衡即可,因此在一个平面加重或去

重就基本可以消除不平衡力。

转子不加重,第一次启动至额定的转速或选定的转速(如 1000 r/min),测取平衡转子的轴承原始振幅和相位,以矢量 A_0 表示。以式(3-1)求取试加重量,并加到转子上。第二次启动到与第一次相同的转速时,测取轴承振动的幅值和相位,以矢量 A_{01} 表示。转子上应加平衡重量由下式求得:

$$Q = \frac{A_0}{A_{01} - A_0} P \qquad (3-2)$$

式中,$A_{01} - A_0$ 表示转子上加了试加重量 P 所产生的振动矢量,一般称为加重效应。令 $A_1 = A_{01} - A_0$,则上面的公式可改写为

$$Q = \frac{P A_0}{A_1} \qquad (3-3)$$

式中,P/A_1 的倒数称为影响系数,一般用 α 表示,它是矢量,表示在转子上加单位(kg)重量、加在零度方向、半径为 1 m 处或固定半径处,在某一个振动测点上所呈现的振动矢量。它表示了某一台机组在指定的轴承上、在一定的转速下、使用一台固定的测振仪器,测量获得的轴承振幅、相位与转子上加重大小、方向之间的一个关系常数,利用这个关系常数,可以列出转子平衡方程式,即

$$\alpha Q + A_0 = 0$$

式中,α、A_0 均为已知,求解该方程式即可求得转子上应加平衡重量 Q,这种平衡方法称为影响系数法。

3.1.8 影响系数法动平衡实验步骤

(1)启动转子试验台使转速稳定在某一转速值,测得当前转速、当前振动基频的幅值和相位,并作记录,停止测量。

(2)输入转子质量、工作转速、加重半径、平衡精度等级等,单击"加重计算"按钮,可直接由软件计算出试加重的质量。

(3)在软件中输入试重 1 的质量和试重 1 的位置(一般可直接默认为 0°),并在转子上的相对应位置(角度)添加相应的试重(加重的角度以反光片所在位置为 0°,以转子转动的反方向为正角度)。测量完毕试重可选去除,也可以选择保留。去除的含义是指最终在转子加平衡质量时,去除该试重,保留则不去除该试重。

(4)调节转子台控制器,使转子台的转速与测量初始振动时的转速相同,单击"测量"按钮,待测点 A 的幅值和相位值稳定后,记录所有的实验数据后停止测量。

(5)单击"计算"按钮,记录影响系数值、转子的平衡质量以及平衡角度。由于计算配重的安装位置一般和转子圆盘上的安装孔位置不一致,因此有必要对配重进行矢量分解,在矢量分解模块里输入两个合适的安装配重的角度(一个角度要小于平衡角度,另一个角度要大于平衡角度,但都必须在 0°~360°),单击"计算"按钮,得到两个角度的配重质量,记录数据(若软件计算的平衡角度正好对应安装孔的位置,则无需进行矢量分解这一步,可以直接在相应位置加配重)。

(6)在转子的相应位置上添加配重(加重的角度以转子转动的反方向为正角度)。

(7)调节转子台控制器,使转速与前面所述的转速一致,待测点 A 的幅值和相位稳定后,进行测量,观测此时点 A 振动的幅值和相位以及振动下降率。

(8)若振动值不满足要求,则可以按照以上步骤重新进行动平衡处理,直到满足要求为止。

3.2 转子不对中的故障机理研究与诊断

大型机组通常由多个转子组成,各转子之间用联轴器联接构成轴系,传递运动和转矩。由于机器的安装误差、工作状态下热膨胀、承载后的变形以及机器基础的不均匀沉降等,有可能会造成机器工作时各转子轴线之间产生不对中。

具有不对中故障的转子系统在其运转过程中将产生一系列有害于设备的动态效应。如引起机器联轴器偏转、轴承早期损坏、油膜失稳、轴弯曲变形等,导致机器发生异常振动,危害极大。

3.2.1 转子不对中的类型

转子不对中包括轴承不对中和轴系不对中两种情况,如图 3.9 所示。轴颈在轴承中偏斜称为轴承不对中。轴承不对中本身不会产生振动,它主要影响到油膜性能和阻尼。在转子不平衡情况下,由于轴承不对中对不平衡力的反作用,会出现工频振动。

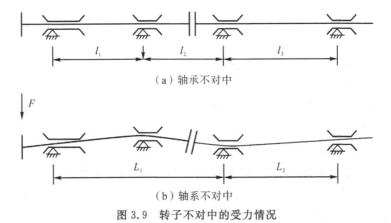

（a）轴承不对中

（b）轴系不对中

图 3.9　转子不对中的受力情况

机组各转子之间用联轴节连接时,如不处在同一直线上,就称为轴系不对中。通常所讲的不对中多指轴系不对中。造成轴系不对中的原因有安装误差、管道应变影响、温度变化热变形、基础沉降不均等。不对中将导致轴向、径向交变力,引起轴向振动和径向振动。不对中引起的振动会随不对中严重程度的增加而增大。不对中是非常普遍的故障,即使采用自动调位轴承和可调节联轴器也难以使轴系及轴承绝对对中。对中超差过大会对设备造成一系列有害的影响,如联轴节咬死、轴承碰磨、油膜失稳、轴挠曲变形增大等,严重时将造成灾难性事故。

如图 3.10 所示,轴系不对中一般可分为以下三种情况。

(1)轴线平行位移,称为平行不对中;

(2)轴线交叉成一角度,称为偏角不对中;

(3)轴线位移且交叉成一定角度,称为综合不对中。

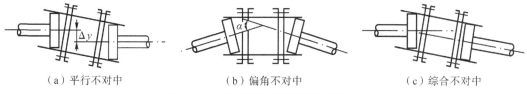

（a）平行不对中　　　　　（b）偏角不对中　　　　　（c）综合不对中

图 3.10　齿式联轴器转子不对中形式

3.2.2　不对中的故障机理

大型高速旋转机械常用齿式联轴器,中小设备多用固定式刚性联轴器,不同类型联轴器及不同类型的不对中情况,振动特征不尽相同,在此分别加以说明。

1. 齿式联轴器转子不对中的故障机理

齿式联轴器由两个具有外齿环的半联轴器和具有内齿环的中间齿套组成。两个半联轴器分别与主动轴和被动轴连接,这种联轴器具有一定的对中调节能力,因此常在大型旋转设备上采用。在对中状态良好的情况下,内外齿套之间只有传递转矩的周向力,当轴系对中超差时,齿式联轴器内外齿面的接触情况发生变化,从而使中间齿套发生相对倾斜,在传递运动和转矩时,将会产生附加的径向力和轴向力,引发相应的振动,这就是不对中振动故障的原因。

(1)平行不对中。联轴器的中间齿套与半联轴器组成移动副,不能相对转动。当转子轴线之间存在径向位移时,中间齿套与半联轴器间会产生滑动而作平面圆周运动,中间齿套的中心沿着以径向位移 y 为直径作圆周运动,如图 3.11 所示。

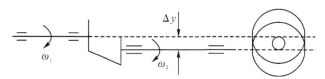

图 3.11　联轴器平行不对中

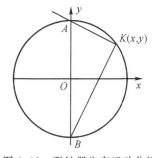

图 3.12　联轴器齿套运动分析

如图 3.12 所示,设 A 为主动转子的轴心投影,B 为从动转子的轴心投影,K 为中间齿套的轴心,AK 为中间齿套与主动轴的连线,BK 为中间齿套与从动轴的连线,AK 垂直 BK,设 AB 长为 D,K 点坐标为 $K(x,y)$,取 θ 为自变量,则有

$$
\begin{cases}
x = D\sin\theta\cos\theta = \dfrac{1}{2}D\sin2\theta \\[2mm]
y = D\cos\theta\cos\theta - \dfrac{1}{2}D = \dfrac{1}{2}D\cos2\theta
\end{cases}
\tag{3-4}
$$

对 θ 求导,得

$$
\begin{cases}
\mathrm{d}x = D\cos2\theta\,\mathrm{d}\theta \\[2mm]
\mathrm{d}y = -D\sin2\theta\,\mathrm{d}\theta
\end{cases}
\tag{3-5}
$$

K 点的线速度为

$$
V_K = \sqrt{(\mathrm{d}x/\mathrm{d}t)^2 + (\mathrm{d}y/\mathrm{d}t)^2} = D\mathrm{d}\theta/\mathrm{d}t
\tag{3-6}
$$

由于中间套平面运动的角速度($\mathrm{d}\theta/\mathrm{d}t$)等于转轴的角速度,即 $\mathrm{d}\theta/\mathrm{d}t = \omega$,所以 K 点绕圆周中心运动的角速度 ω_K 为

$$
\omega_K = 2V_K/D = 2\omega
\tag{3-7}
$$

式中,V_K 为点 K 的线速度。由上式可知,K 点的转动速度为转子角速度的两倍,因此当转子高速转动时,就会产生很大的离心力,激励转子产生径向振动,其振动频率为转子工频的两倍。此外不对中引起的振动有时还包含有大量的谐波分量,但最主要的还是 2 倍频分量。

(2)角度不对中。当转子轴线之间存在偏角位移时,如图 3.13 所示,从动转子与主动转子的角速度是不同的。从动转子的角速度为

$$
\omega_2 = \omega_1 \cos\alpha / (1 - \sin^2\alpha \cos^2\varphi_1)
\tag{3-8}
$$

式中,ω_1,ω_2 分别为主动转子和从动转子的角速度;α 为从动转子的偏斜角;φ_1 为主动转子的转角。

从动转子每转动一周其转速变化两次变化范围为 $\omega_1\cos\alpha \leqslant \omega_2 \leqslant \omega_1/\cos\alpha$,如图 3.13 所示,图 3.14 为转速比的变化曲线。

图 3.13　联轴器角度不对中

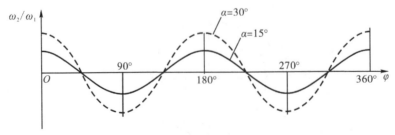

图 3.14　转速比的变化曲线

角度不对中使联轴器附加一个弯矩,弯矩的作用是力图减小两轴中心线的偏角。转轴每旋转一周,弯矩作用方向交变一次,因此,角度不对中增加了转子的轴向力,使转子在轴向产生工频振动。

(3)综合不对中。在实际生产中,轴系转子之间的对中情况往往是既有平行位数不对中,又有角度不对中的综合不对中,因而转子振动的机理是两者的综合结果。当转子既有平行位移不对中又有角度不对中时,其动态特性比较复杂。激振频率为角频率的 2 倍;激振力的大小随速度而变化,其大小和综合不对中量 Δy、$\Delta \alpha$,安装距离 ΔL 以及中间齿套质量 m 等有关。联轴器两侧同一方向的激振力之间的相位差为 $0° \sim 180°$。其他故障物理特性也介于轴线平行不对中和角度不对中之间。

同时,齿式联轴器由于所产生的附加轴向力以及转子偏角的作用,从动转子以每回转一周为周期,在轴向往复运动一次,因而转子轴向振动的频率与角频率相同,如图 3.15 所示。

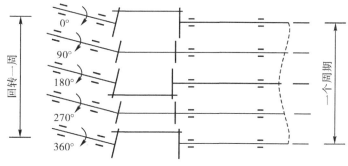

图 3.15　转子不对中的轴向振动

2. 刚性联轴器连接转子不对中的故障机理

刚性联轴器的转子对中不良时,由于强制连接所产生的力矩,不仅使转子发生弯曲变形,而且随转子轴线平行位移或轴线角度位移的状态不同,其变形和受力情况也不一样,如图 3.16 所示。

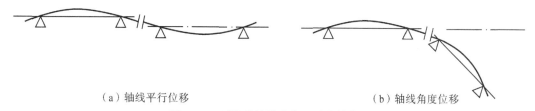

　　（a）轴线平行位移　　　　　　　　　　　　（b）轴线角度位移

图 3.16　刚性联轴器连接不对中的情况

用刚性联轴器连接的转子不对中时,转子往往是既有轴线平行位移,又有轴线角度位移的综合状态,转子所受的力既有径向交变力,又有轴向交变力。

弯曲变形的转子由于转轴内阻现象以及转轴表面与旋转体内表面之间的摩擦而产生的相对滑动,使转子产生自激旋转振动,而且当主动转子按一定转速旋转时,从动转子的转速会产生周期性变动,每转动一周变动两次,因而其振动频率为转子转动频率的两倍。

转子所受的轴向交变力与图 3.15 相同,其振动特征频率为转子的转动频率。

3. 滑动轴承不对中的故障机理

轴承不对中实际上反映的是轴承坐标高低和左右的位置偏差。由于结构上的原因,轴承在水平方向和垂直方向上具有不同的刚度和阻尼,不对中的存在加大了这种差别。虽然油膜既有弹性又有阻尼,能够在一定程度上弥补不对中的影响,但不对中过大时,会使轴承的工作条件改变,在转子上产生附加的力和力矩,甚至使转子失稳或产生碰磨。

轴承不对中同时又使轴颈中心和平衡位置发生变化,使轴系的载荷重新分配,负荷大的轴承油膜呈现非线性,在一定条件下出现高次谐波振动;负荷较轻的轴承易引起油膜涡动进而导致油膜振荡。支承负荷的变化还会使轴系的临界转速和振型发生改变。

3.2.3 转子不对中的故障特征

实际工程中遇到的转子不对中的故障大多数为齿式联轴器不对中,在此以齿式联轴器不对中为例介绍其故障特征。

由上述分析可知,齿式联轴器不对中的转子系统,其振动主要特征如下。

(1)故障的特征频率为角频率的 2 倍。

(2)由不对中故障产生的对转子的激励力随转速的升高而加大,因此,高速旋转机械应更加注重转子的对中要求。

(3)激励力与不对中量成正比,随不对中量的增加,激励力呈线性增大。

(4)联轴器同一侧相互垂直的两个方向,2 倍频的相位差是基频的 2 倍;联轴器两侧同一方向的相位在平行位移不对中时为 0°,在角位移不对中时为 180°,综合位移不对中时为 0°~180°。

(5)轴系转子在不对中情况下,中间齿套的轴心线相对于联轴器的轴心线产生相对运动,平行位移不对中时的回转轮廓为一圆柱体,角位移不对中时为一双锥体,在综合位移不对中时是介于二者之间的形状。回转体的回转范围由不对中量决定。

(6)轴系具有过大的不对中量时,会由于联轴器不符合其运动条件而使转子在运动中产生巨大的附加径向力和附加轴向力,使转子产生异常振动,轴承过早损坏,对转子系统具有较大的破坏性。

3.2.4 实验步骤

1. 转子台及涡流传感器的安装

按照上节的说明,将传感器、转子台控制器、信号采集仪、计算机连接成完整的测试系统,如图 3.17 所示。

松开转轴,再松开前轴承座的紧固螺丝,拧下螺丝,在前轴承座一端与 V 型底座的接触面处增加一个或两个垫片,以增加该轴端在接触面上的高度,重新用螺丝将前轴承座紧固在底座上(前轴承座的安装位置不变)。重新将转轴装入联轴器内。由于已经将前轴承座的一端垫高,因此在安装过程中,转轴与联轴器之间的摩擦会很大,需要缓慢地将转轴装入联轴器内,避免用力过大造成转轴的永久弯曲变形。将转轴安装到位后,用紧固螺丝将联轴器与转轴紧固。调整涡流传感器的位置,将其安装在联轴器附近,用来测量由于转轴与联轴器的不对中产生的振动。

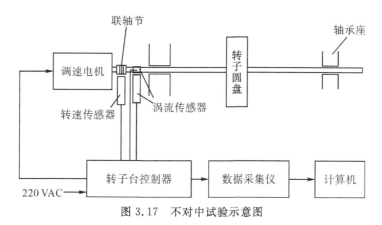

图 3.17 不对中试验示意图

2. 控制器设置

按照 3.1.4 节中的说明,设置好转子台控制器,主要是设置转子台的最高转速。由于转轴与联轴器之间的摩擦力较大,因此最高转速设置不能太高,设置在 2000 r/min 以内较为合适。

3. 软件准备工作

接通数据采集仪电源,并打开电源开关,双击计算机桌面上的软件图标,进入分析软件,选择阶次分析软件。

4. 试验

(1)接通转子台控制器电源,打开控制器开关,启动控制器,使转子台转动起来(操作见 3.1.4 节试验台操作说明),使转子台稳定在一个低转速状态下转动。

(2)在软件界面打开四个显示窗口,分别为电涡流传感器信号时域分析波形、重采样时间波形(转速跟踪整周期采样)、阶次谱、轴心轨迹图,通道清零后,启动采样。

(3)此时在时域分析波形中观察到由电涡流传感器得到的位移信号曲线,改变转速(升高或降低转速),观察曲线的变化情况。在低转速时,位移信号曲线幅值较小;在转速升高后,位移信号曲线幅值会不断增大。时域波形中不仅含有 1 阶转速频率也包含有 2 阶频率成分,甚至 3 阶频率成分。

(4)选择阶次谱图,观察对应电涡流传感器所在位移信号曲线的阶次谱图。在谱图中,1 倍频(基频)、2 倍频甚至 3 倍频处有稳定的高峰,特别 2 倍频分量有可能超过 1 倍频分量。

(5)选择轴心轨迹图,观察水平位置和垂直位置所在电涡流传感器得到的位移信号所合成的轴心轨迹图。合成的轴心轨迹曲线呈内双环椭圆。

(6)改变轴承座的安装高度、转轴与电机轴的相交角度,重新观察位移信号曲线、阶次谱和轴心轨迹曲线的变化情况,并结合不对中故障的特征进行分析和故障判断。

(7)实验完成后,关闭软件,停止转子台工作状态,再关掉仪器电源等,将实验台收拾干净后离开。

3.2.5 转子不对中故障工程诊断图谱

转子不对中的主要故障诊断依据见表 3.4 和表 3.5。

表 3.4 转子不对中故障的故障特征

序号	特征参量	故障特征		
		平行不对中	角度不对中	综合不对中
1	时域波形	$1\times$频与$2\times$频叠加波形	$1\times$频与$2\times$频叠加波形	$1\times$频与$2\times$频叠加波形
2	特征频率	$2\times$频明显较高	$2\times$频明显较高	$2\times$频明显较高
3	常伴频率	$1\times$频、高次谐波	$1\times$频、高次谐波	$1\times$频、高次谐波
4	振动稳定性	稳定	稳定	稳定
5	振动方向	轴向为主	径向、轴向均较大	径向、轴向均较大
6	相位特征	较稳定	较稳定	较稳定
7	轴心轨迹	双环椭圆	双环椭圆	双环椭圆
8	进动方向	正进动	正进动	正进动
9	矢量区域	不变	不变	不变

表 3.5 转子不对中故障的振动敏感参数

序号	敏感参数	振动随敏感参数变化情况
1	振动随转速变化	明显
2	振动随油温变化	有影响
3	振动随介质温度变化	有影响
4	振动随压力变化	不变
5	振动随流量变化	不变
6	振动随负荷变化	明显
7	其他识别方法	① 联轴器两侧轴承振动较大 ② 环境温度变化对振动有影响

3.2.6 转子不对中故障原因分析及治理措施

转子不对中故障原因主要有设计原因、制造原因、安装维修、操作运行、状态劣化等,具体故障原因分析与治理措施见表 3.6。

表 3.6 转子不对中故障原因与治理措施

序号	故障原因分类	故障原因	治理措施
1	设计原因	① 工作状态下热膨胀量计算不准 ② 介质压力、真空度变化对机壳的影响计算不准 ③ 给出的冷态对中数据不准	① 核对设计给出的冷态对中数据 ② 按技术要求检查调整轴承对中 ③ 检查热态膨胀是否受限 ④ 检查保温是否完好 ⑤ 检查调整基础沉降
2	制造原因	① 材质不均,造成热膨胀不均匀	
3	安装维修	① 冷态对中数据不符合要求 ② 检修失误造成热态膨胀受阻 ③ 机壳保温不良,热胀不均匀	
4	操作运行	① 超负荷运行 ② 介质温度偏离设计值	
5	状态劣化	① 机组基础或基座沉降不均匀 ② 基础滑板锈蚀,热胀受阻 ③ 机壳变形	

3.3 转子动静件摩擦的故障机理研究与诊断

在高速、高压离心压缩机或整齐透平等旋转机械中,为了提高机组效率,往往把轴封、级间密封、油封间隙和叶片顶隙设计得比较小,以减少气体泄漏。但是,过小的间隙除了会引起流体动力激振之外,还会发生转子与静止部件的摩擦。例如,轴的挠曲、转子不平衡、转子与静子热膨胀不一致、气体动力作用、密封力作用以及转子对中不良等原因引起振动后,轻者引发密封件的摩擦损伤,重者发生转子与隔板的摩擦碰撞,造成严重事故。一般情况下,摩擦碰撞初期会产生很大的震动,机器未停车拆检之前找不出振动原因。因此,必须了解干摩擦激振的故障特征,以便及时对这类故障做出诊断,防止更大事故的发生。

3.3.1 转子动静件摩擦的振动机理和故障特征

转子与静止件发生摩擦有两种情况:一种是转子在涡动过程中轴颈或转子外缘与静止件接触而引起的径向摩擦;另一种是转子在轴向与静止件接触而引起的轴向摩擦。

转子与静止件发生的径向摩擦还可以进一步分为两种情况:一种是转子在涡动过程中与静止件发生的偶然性或周期性的局部碰磨;另一种是转子与静止件的摩擦接触弧度较大,甚至发生 360° 的全周向接触摩擦。

1. 局部动静件碰摩的振动机理和故障特征

局部碰摩是指转子在进动过程中与静止部件发生间歇性的、局部性的碰撞摩擦。对于转子轴颈与轴承发生碰撞摩擦的运动特点,登哈托格较早提出了一种反相进动模型。如图3.18所示,当转子与静子在 A 点发生旋转摩擦时,转子给静子壁面一个摩擦力 F_a,而静子以反作用力 F'_a 平移至转子旋转中心 O',即在 O' 点上加大小相等方向相反的力 F' 和 F,则 F' 的作用是促使转子以旋转的相反方向进动(反进动),而 F 与 F'_a 组成了一个力偶,阻止转子旋转,因而多消耗了转子的驱动功率。

事实上,转子与静子发生碰撞摩擦的振动特性还要复杂,已有不少学者进行了研究。从机理上分析,转子发生碰摩时存在如图3.19所示的几种力。

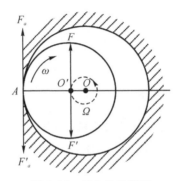

图 3.18 反向进动模型

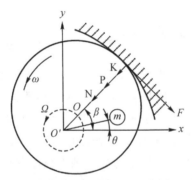

图 3.19 碰摩时转子上的受力

N——正压力,此力决定摩擦力的大小;

P——反弹力,由于静子的弹性变形而施加于转子上的反作用力;

K——附加弹性力,由于碰摩时转子刚度变化而作用于转子上的力;

F——摩擦力,$F=\mu N$,μ 为摩擦因数。

如果转子不旋转,仅由涡动角速度 Ω 引起转子与静子直接接触的力是不大的。但是当转子高速旋转时发生碰摩,作用于转子上的反弹力和摩擦力均很大。碰摩后的瞬间,转子表现为横向自由振动,振动频率为一阶或多阶转子自振频率,横向自由振动响应与转子旋转运动、强迫进动运动叠加在一起,形成一种复杂的转子振动形态。转子与静子碰摩时,大部分情况下转子作前向进行,反弹力 P 和切向摩擦力 F 的大小主要受转子不平衡质量的影响,这些力在转子涡动周期内,按其接触圆弧大小发生变化,因而转子振动情况也在变化。

转子碰摩后发生转速波动,波动幅度大小取决于摩擦转矩的大小,碰摩瞬时转矩增大,转速瞬间下降,摩擦转矩消失阶段,又会发生短暂的转子扭转振动。

转子发生碰摩时相当于在碰摩点处增加了一个支承,改变了转子的刚度。转子与静子不断发生局部摩擦,刚度在接触(刚度变大)与非接触(刚度变小)两种情况之间发生变化,刚度变化的频率就是转子的进动频率,这种周期性变化的刚度使得转子自由振动变为不稳定。

发生局部碰摩时,接触力和转子运动之间为非线性关系,使转子产生次谐波和高次谐波振动响应。在次谐波响应中,对称型的非线性振动产生奇次谐波响应,不对称型的非线性振动产生偶次谐波响应。局部碰摩一般是不对称的非线性振动,因此多数情况下是产生转速频率的 1/2 次谐波响应。当转速高于转子一阶自振频率的 2 倍时,就会激起 1/2 次谐波共振。但是转子实际碰摩情况比较复杂,既有对称型又有不对称型的非线性振动,因此在转子的振动响应中,既有转速频率成分 ω 和 2ω,3ω,…一些高次谐波成分,又有 $\frac{1}{i}\omega$ 的低次谐波成分($i=2,3,4,\cdots$)。在低次谐波中,重摩擦时,$i=2$;轻摩擦时,随着转速升高,出现 $i=2$ 或 $3,4,5,\cdots$ 各个低次谐波。某一转速下 i 值的大小,取决于转速频率与转子在碰摩状态下的一阶自振频率比值,当转速频率为一阶自振频率的 i 倍时,就将激起 $\frac{1}{i}\omega$ 的次谐波共振。次谐波共振的幅值大小取决于转子的不平衡力,阻尼、外载荷大小、摩擦副的几何形状以及材料特性等因素。在阻尼足够高的转子系统中,也可能完全不出现次谐波振动。

2. 摩擦接触弧增大时的故障特征

当离心压缩机发生喘振、油膜振荡故障时,轴颈与轴瓦发生大面积干摩擦或发生全周的摩擦,由于转子与静止件之间具有很大的摩擦力,转子处于完全失稳状态。此时很高的摩擦力可使转子由正向涡动变为反向涡动。同时在波形图上会发生单边波峰“削波”现象。另外,由于转子振动进入了非线性区,因而在频谱上还会出现幅值较高的高次谐波。

在刚开始发生摩擦接触情况下,由于转子不平衡,旋转频率成分幅值较高,高次谐波中第二、第三次谐波一般并不太高,但第二次谐波波幅必定高于第三次谐波。随着转子摩擦接触弧的增加,由于摩擦起到附加支承作用,旋转频率幅值有所下降,第二、第三次谐波幅值由于附加的非线性作用而有所增大。转子在超过临界转速时,如果发生 360° 全周向摩擦接触,将会产生一个很强的摩擦切向力,引起转子的完全失稳。这时转子的振动响应中具有很高的亚异步成分,一般为转子发生摩擦时的一阶自振频率(由于转子发生摩擦时相当于增加了一个支承,将会使自振频率升高)。除此之外,还会出现旋转频率与振动频率之间的和频与差频。转速频率的高次谐波在全摩擦时会被湮没。利用双踪示波器观察转子的进动方向,当发生全周向摩擦时,涡动方向将由正进动变为反进动。

3.3.2　试验步骤

1. 转子台摩擦螺钉及涡流传感器的安装

按照 3.1 节的说明,将传感器、转子台控制器、信号采集仪、计算机连接成完整的测试系统,如图 3.20 所示。

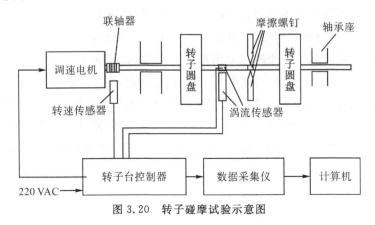

图 3.20　转子碰摩试验示意图

利用电涡流传感器支架自带的螺纹孔,将摩擦螺钉缓慢拧入螺纹孔,直到摩擦螺钉头部与转轴相接触,注意接触不要过紧。最后用螺母将摩擦螺钉紧固在传感器支架上。用手盘动转子转动,根据转子的转动快慢和灵活度来判断摩擦螺钉的安装位置是否合适,若感觉转子转动过程太过生硬,可适当调整摩擦螺钉的安装位置,直到满意为止。重新调整电涡流传感器探头的安装位置,将其安装在摩擦螺钉所在位置的附近,用来测量由于动静件摩擦产生的振动。

2. 控制器设置

按照 3.1 节的说明,设置好转子台控制器,主要是设置转子台的最高转速。由于摩擦螺钉与转轴之间的接触,转轴与摩擦螺钉之间的摩擦力较大,因此最高转速设置不能太高,建议设置在 2000 r/min 以内较为合适。若在调整摩擦螺钉位置后,摩擦力增大,则还应降低最高转速值。

3. 软件准备工作

接通数据采集仪电源,并打开电源开关,双击计算机桌面上的软件图标,进入分析软件,选择阶次分析软件。

4. 实验

(1)接通转子台控制器电源,打开控制器开关,启动控制器,使转子台转动起来,(操作见 3.14 节试验台操作说明),使转子台稳定在一个低转速状态下转动。

(2)在软件界面打开四个显示窗口,分别为电涡流传感器信号时域分析波形、重采样时间波形(转速跟踪整周期采样)、阶次谱、轴心轨迹图,通道清零后,启动采样。

(3)此时在时域分析波形中观察到由电涡流传感器得到的位移信号曲线,改变转速(升高转速),观察曲线的变化情况。在低转速时,位移信号曲线幅值较小;在转速升高后,位移信号曲线幅值会不断增大,数据曲线也会出现"削波"现象。时域波形中不仅含有 1 阶转速频率,也包含有 2 阶、3 阶频率成分,并且常伴有 1/2 阶、1/3 阶等频率成分。

(4)选择阶次谱图,观察对应电涡流传感器所在位移信号曲线的阶次谱图。在谱图中,除出现 1 倍频(基频),伴有 2 倍频、3 倍频等高次谐波成分,还出现 1/2 倍频,1/3 倍频,1/4

倍频等低次谐波成分。

(5)选择轴心轨迹图,观察呈垂直安装的两个电涡流传感所测位移信号合成的轴心轨迹图。合成的轴心轨迹曲线呈紊乱状。

(6)增加摩擦螺钉与转轴之间的接触面,提高摩擦力,将轻度摩擦转子状态逐渐变成中度摩擦转子状态,甚至变为重度摩擦转子状态,期间重新观察和记录位移信号曲线、阶次谱和轴心轨迹曲线的变化情况,并结合动静件摩擦故障的特征进行分析和故障判断。

(7)实验完成后,关闭软件,停止转子台工作状态,再关掉仪器电源等,将实验台收拾干净后离开。

3.3.3　动静件摩擦故障的诊断图谱

动静件摩擦故障的诊断依据如表 3.7 和表 3.8 所示。

表 3.7　动静件摩擦的故障特征

序号	特征参量	故障特征		
		径向摩擦		轴向摩擦
		局部轻度径向摩擦	全周向重度径向摩擦	
1	时域波形	轻微削波	严重削波	正弦波
2	特征频率	$1/n\times$ 及 $n\times$	$1/2\times$; $n\times$	—
3	常伴频率	$1\times$	$1\times$	$1\times$
4	振动稳定性	不稳定	不稳定	不稳定
5	振动方向	径向	径向	径向、轴向
6	相位特征	反向位移	反向位移,跳动、突变	不稳定
7	轴心轨迹	紊乱	扩散	不稳定
8	进动方向	正进动	反进动	反进动
9	矢量区域	突变	突变	变化

表 3.8　动静件摩擦的振动敏感参数

序号	敏感参数	振动随敏感参数变化情况		
		径向摩擦		轴向摩擦
		局部轻度摩擦	全周向重度摩擦	
1	振动随转速变化	不明显	不明显	不明显
2	振动随油温变化	不变	不变	不变
3	振动随介质温度变化	不变	不变	不变
4	振动随压力变化	不变	不变	不变
5	振动随流量变化	不明显	不明显	不明显
6	振动随负荷变化	不明显	不明显	不明显

续表

序号	敏感参数	随敏感参数变化情况		
		径向摩擦		轴向摩擦
		局部轻度摩擦	全周向重度摩擦	
7	其他诊断方法	时域波形轻微削波	①时域波形严重削波 ②转子自振频率上升 ③功耗增加	①功耗增加 ②效率下降

3.3.4 动静件摩擦的故障原因与解决方法

动静件摩擦故障原因及对策见表 3.9 所示。

表 3.9 动静件摩擦故障原因及对策

序号	故障原因分类	故障原因	治理措施
1	设计原因	设计间隙不当,偏小	①调整参数,保证机组热膨胀均匀 ②检修时保证各部间隙符合技术要求 ③调整转子定心 ④调整基础,消除沉降影响
2	制造原因	制造误差导致间隙偏小	
3	安装维修	①转子与定子不同心 ②对中不良 ③转子挠度大、弯曲	
4	操作运行	机组热膨胀不均匀	
5	状态劣化	①壳体变形 ②基础变形	

3.4 转子故障模拟虚拟仿真系统

机械系统故障诊断课程作为西安交通大学机械学院优势与特色学科已经开设超过 10年,实验教学内容及教学方式不断改革创新,有效地支撑了该课程的实验教学。为了更好地完成理论教学及实验教学,课题组开发了一套转子系统故障模拟仿真系统,该系统可以模拟转子不平衡、不对中、动静碰摩三类转子系统常见的故障,具有界面简洁、操作简单、人机对话友好、功能齐全、系统资源占用低等显著特点。

虚拟仿真教学平台作为理论课及实验课教师授课课件,对于晦涩难懂的一些理论借助于虚拟仿真平台能够直观、清晰地演示表达,有助于学生理解应用。理论课相关内容完成后学生进入实验室,实验室配备了计算机,先在计算机上的虚拟仿真实验平台对本次相关的实验内容进行实验,教学方式采用启发式、互动式,对于有问题的地方教师引导学生进行讨论理解,虚拟仿真实验结束后再进行实物操作实验。

3.4.1　故障信号仿真机理

1. 不平衡的故障信号模拟

不平衡故障的激振机理:设转子质量为 M,偏心质量为 m,偏心距为 e,质量中心线与旋转中心线之间存在一定量的偏心矩,使得转子在工作时形成周期性的离心力干扰,在轴承上产生动载荷,从而引起机器振动。

轴心运动微分方程:

$$m\ddot{x} + c\dot{x} + kx = me\omega^2\cos(\omega t)$$
$$m\ddot{y} + c\dot{y} + ky = me\omega^2\sin(\omega t) \tag{3-9}$$
$$\Rightarrow \begin{cases} x = A\cos(\omega t - \varphi) \\ y = A\sin(\omega t - \varphi) \end{cases}$$

其中,$A = \dfrac{\left(\dfrac{\omega}{\omega_n}\right)^2 e}{\sqrt{\left[1 - \left(\dfrac{\omega}{\omega_n}\right)^2\right]^2 + \left(2\xi\dfrac{\omega}{\omega_n}\right)^2}}, \omega_n = \sqrt{\dfrac{K}{m}}, \xi = \dfrac{c}{2m\omega_n}$

在系统中通过改变偏心距、不平衡质量、转频、显示周期数以及白噪声强度等参数来模拟不同工况,获取不同工况下的故障特征。其中转频一般在 40 Hz 之下,偏心距、不平衡质量、显示周期数等参数可根据具体情况设计,以获得与实际相近的故障信号,包括时域波形、频域波形和轴心轨迹图。如果需要了解具体故障特征,可以单击“故障特征描述”按钮获得。

2. 不对中故障模拟

转子不对中:旋转机械多数是由多个转子和轴承组成的一个机械系统,转子之间通过联轴器连接。转子不对中通常是指相邻两个转子的轴心线与轴承中心线的倾斜或偏移程度。转子不对中形式有三种:平行不对中、偏角不对中、综合不对中。大型高速旋转机械常用齿式联轴器,在此说明齿式联轴器连接不对中的振动机理。

3. 动静碰磨故障模拟

当转子在涡动时与静止件发生接触瞬间,转子刚度增大;被静止件反弹后脱离接触,转子刚度减小,并且发生横向自由振动(大多数按一阶自振频率振动)。因此,转子刚度在接触与非接触两者之间变化,变化的频率就是转子涡动频率。转子横向自由振动与强迫的旋转运动、涡动运动叠加在一起,就会产生一些特有的、复杂的振动响应频率。

局部摩擦引起的振动频率中包含有不平衡引起的转速频率 ω,同时摩擦振动是非线性振动,所以还包含有 2ω、3ω、$\cdots$ 一些高次谐波。除此之外,还会引起低次谐波振动,在频谱图上会出现低次谐波成分 ω/n,重摩擦时 $n=2$,轻摩擦时 $n=2,3,4,\cdots$。次谐波的范围取决于转子的不平衡状态、阻尼、外载荷大小、摩擦副的几何形状以及材料特性等因素,在阻尼很高的转子系统中也可能不出现次谐波振动。从轴心轨迹上观察,轨迹线总是向左方倾斜的,对次谐波进行相位分析,则垂直和水平方向上相位差 180°。

当离心压缩机发生喘振、油膜振荡故障时,轴颈与轴瓦发生大面积干摩擦或发生全周的摩擦,由于转子与静止件之间具有很大的摩擦力,转子处于完全失稳状态。此时很高的摩擦力可使转子由正向涡动变为反向涡动。同时在波形图上会发生单边波峰"削波"现象。同时将在频谱上出现涡动频率 Ω 与转频 ω 的和频与差频,即会产生 $n\Omega \pm m\omega$ 的频率成分(n、m 为正整数)。另外由于转子振动进入了非线性区因而在频谱上还会出现幅值较高的高次谐波。

本子系统通过改变转频、幅值、显示周期数和白噪声强度等参数来模拟不同的工况,获取不同工况下的故障特征。其中转频一般在 40 Hz 之下,幅值、显示周期数和白噪声强度等参数可根据具体情况设计,以获得与实际相近的故障信号,包括径向时域波形、轴向时域波形、径向频域波形和轴心轨迹图。如果需要了解具体故障特征,可以单击"故障特征描述"按钮获得。

3.4.2 虚拟仿真系统设计

系统功能主要利用 LabVIEW 软件实现,为方便组织程序,增强可读性,将程序分为主程序和子程序。主程序作为面向用户的界面,前面板主要包含相应波形显示界面、文字提示、用户输入控件、修饰结构等,后面板主要负责控制前面板控件属性,如波形图控件标尺范围、数据显示形式、输入控件范围等;两个子前面板为与主程序相同的控件,用于与主程序相应控件数据通信,即从主程序接受用户输入的参数,向主程序返回处理结果;子程序后面板用于处理用户输入主程序的参数,实现功能。总体设计参数见表 3.10。

表 3.10 系统总体设计参数

主要参数	
转频输入范围	0~100 Hz(6000 r/min)
fft 平均参数	默认不平均
采样频率	1000 Hz
采样点数	20000
显示周期数	0~100
不对中幅值比	1.5:1
不对中转频不对中量影响因子比	1:9
动静碰磨轴心轨迹两方向数据点数	1200

具体设计如下。

程序前面板包含所有面向用户的控件。由选项卡控件构成系统框架,将界面分为三个功能模块:不平衡、不对中和动静碰磨。"不平衡"选项用于模拟转子不平衡故障,界面包含时域波形、频域波形、提纯轴心轨迹三个波形图,三个数值输入控件,一个水平指针滑杆,一个按键及下凹框和 logo;"不对中"选项用于模拟转子不对中故障,界面包含径向时域波形、径向频域波形、提纯轴心轨迹、轴向时域波形四个波形图,四个数值输入控件,一个水平指针滑杆,一个按键及下凹框和 logo;"动静碰磨"选项用于模拟转子动静碰磨故障,界面包含时域波形、频域波形、提纯轴心轨迹三个波形图,三个数值输入控件,一个水平指针滑杆,一个按键及下凹框和 logo。

　　程序后面板将选项卡控件作为条件结构的输入,以两个子函数作为条件分支调用子程序:转子模块.vi、轴承模块.vi,此外,创建前面板波形控件属性节点,设定波形图合适的标尺样式(频域 Y 标尺及提纯轴心轨迹图 XY 标尺不需要显示数值),X 标尺显示范围由用户输入的“显示周期数”控制,波形颜色为红色,标尺数值显示格式为“0”(小数形式),显示精度为“3”(三位有效数字)。

　　后面板以数据枚举作为条件结构输入条件,枚举值为“0”(不平衡)、“1”(不对中)、“2”(动静碰磨),形成条件结构的三个分支。

　　不平衡分支包含三个并行的功能函数:故障特征文字提示,时域、频域波形生成和提纯轴心轨迹生成。故障特征文字提示以布尔型按键输入条件结构实现,按下按键(输入“1”),调用对话框函数实现故障特征提示;利用基本函数发生器根据输入参数生成正弦波形,设置采样频率为 1000 Hz,采样点数为 20000,频率由回转频率数值输入控件确定,相位默认为零,由于不平衡故障幅值与转频、偏心距和偏心质量均有关系,因此三者经过数值运算作为基本函数发生器幅值端子的输入,之后利用高斯白噪声生成器生成高斯白噪声,水平滑动杆值乘以计算结果作为 σ 值,采样频率为 1000 Hz,采样点数为 20000,叠加正弦波形和高斯白噪声生成波形输入波形图控件;利用循环结构具有“自动索引”的功能,分别生成两个幅值不同的正余弦序列(200 点,一个周期),利用序列构成数据矩阵,乘以旋转矩阵顺时针旋转 30°,之后作为输入簇输入 XY 图合成椭圆,得到提纯轴心轨迹。

　　不对中分支包含三个并行的功能函数:故障特征文字提示,时域、频域波形生成和提纯轴心轨迹生成。故障特征文字提示以布尔型按键输入条件结构实现,按下按键(输入“1”),调用对话框函数输出故障特征提示字符串;利用混合单频信号发生器生成含 1、2 倍转频的混合信号,设置采样频率为 1000 Hz,采样点数为 20000,频率为回转频率数值输入控件值和其两倍构成的二维向量,相位为二维零向量,由于不对中故障对转频变化不敏感,因此对转频和不对中量赋予权重因子(0.1 和 0.9)计算幅值,按幅值比例生成二倍频幅值,两个频率值构成向量接入混合单频信号发生器的幅值端子,之后利用高斯白噪声生成器生成高斯白噪声,水平滑动杆值乘以一倍频幅值计算结果作为 σ 值,采样频率为 1000 Hz,采样点数为 20000,叠加混合单频信号和高斯白噪声生成波形输入波形图控件;利用混合单频信号发生器,生成含两倍频率(不一定是转频,幅值向量[1,0.8],相位向量[30°,0])的序列,作为 XY 图的簇 1 元素,利用基本函数发生器,生成仅含一倍频率的序列(幅值为 1,相位为 70°),作为 XY 图的簇 2 元素,设置两信号采样频率为 1000 Hz,采样点数为 20000,两者构成输入簇输入 XY 图合成“8”字形,得到提纯轴心轨迹。

　　动静碰磨分支包含三个并行的功能函数:故障特征文字提示,时域、频域波形生成和提纯轴心轨迹生成。故障特征文字提示以布尔型按键输入条件结构实现,按下按键(输入“1”),调用对话框函数输出故障特征提示字符串;利用四个基本函数生成器生成含 0.5、1、2、3 倍转频的混合信号,设置采样频率为 1000 Hz,采样点数为 20000,利用线性插值对混合信号做削波处理,之后利用高斯白噪声生成器生成高斯白噪声,水平滑动杆值乘以一倍频幅值计算结果作为 σ 值,采样频率为 1000 Hz,采样点数为 20000,叠加混合单频信号和高斯白噪声生成波形输入波形图控件;利用样条插值函数,选择合适的数据点,插值生成两个总计

1200 个数据点的序列,作为 XY 图的输入簇输入,合成杂乱的含有尖角的动静碰磨提纯轴心轨迹,不断调整原数据点,使 XY 图更贴近实际。

3.4.3 转子故障虚拟仿真系统操作简介

虚拟仿真系统为纯软件设计,通过对转子故障机理的分析,确定了故障特征振动信号的不同表达,本系统对照电涡流传感器测量轴的振动位移波形,如时域波形、频域波形、提纯轴心轨迹图等,并运用 LabVIEW 实现每种类型信号的仿真,最终以图形化界面输出。每种故障都有波形图显示,并且波形参数(即信号参数)可调,用户可通过调节影响波形的参数观察波形变化,由此可以对故障形成机理即故障信号检测提取方法有直观的理解,可供高校和企业进行培训、教学活动。

系统整体界面如图 3.21 所示,信号窗口有三个:时域波形、频域波形和轴心轨迹,可调节按钮有五个:偏心距、不平衡质量、转频、显示周期数及白噪声强度,其中前四项参数通过文本框形式输入数据,白噪声信号通过标尺拉动输入,文本框数据可以通过上下按钮点击增加和减小,也可以直接在文本框通过键盘输入数据,还有故障特征描述按钮,可以对所显示的故障特征进行简要语言描述。

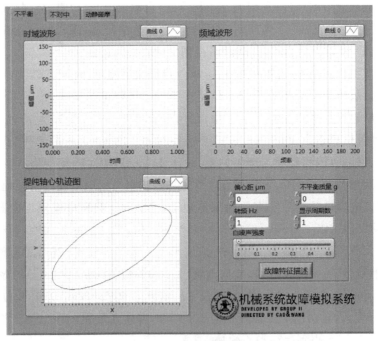

图 3.21　系统界面图

1. 不平衡故障模拟实验

当选择偏心距为 5、不平衡质量为 5、转频为 20、显示周期数为 1 时,系统模拟信号如图 3.22 所示。从图中可以看出,不平衡故障振动信号时域波形为类正弦波形,频域主要集中在转频处,轴心轨迹为椭圆形。

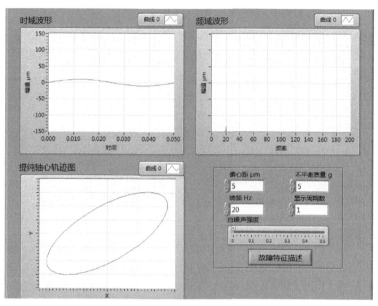

图 3.22　仿真实验图 1

偏心距增加到 20 时,系统信号图见图 3.23。从图中可以看出偏心距增加时,振动信号增大。

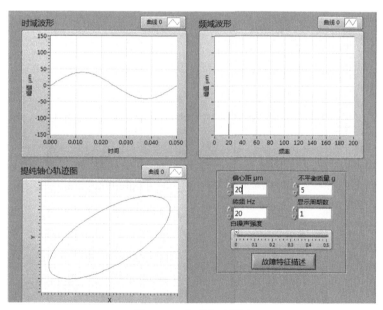

图 3.23　仿真实验图 2

不平衡质量增大到 10 时,信号图见图 3.24。从图中可以看出随着不平衡质量的增加振动信号时域波形幅值增大,频域幅值随之增大。

显示周期数增加为 5,白噪声强度增加为 0.2 dB 时,信号图显示如图 3.25 所示,该图和实际测试的含一定噪声的电涡流传感器所测量的振动位移信号基本一致。

当白噪声增加到 0.5 dB 时,信号波形图显示如图 3.26 所示,该图和实际测试的含一定噪声的磁电式速度传感器所测量的振动位移信号基本一致。

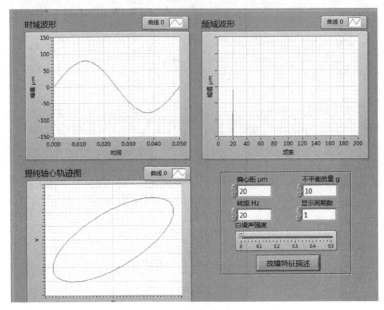

图 3.24　仿真实验图 3

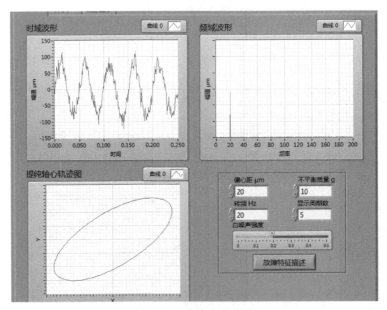

图 3.25　仿真实验图 4

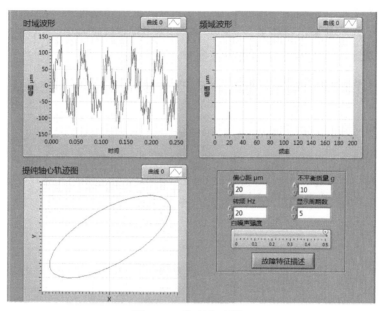

图 3.26 仿真实验图 5

2. 不对中故障模拟实验

系统整体界面如图 3.27 所示,信号窗口有四个:径向时域波形、径向频域波形、轴心轨迹和轴向时域波形,对应电涡流传感器测量转轴振动位移信号,可调节按钮有五个:轴线偏移值、轴线偏角、转频、显示周期及白噪声强度,其中前四项参数通过文本框形式输入数据,白噪声通过标尺拉动输入,文本框数据可以通过上下按钮点击增加和减小,也可以直接在文本框通过键盘输入数据,还有故障特征描述按钮,可以对所显示的故障特征进行简要语言描述。

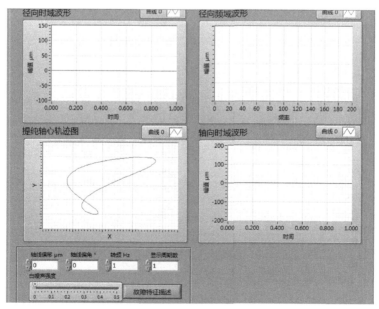

图 3.27 不对中系统整体界面图

当轴线偏移输入 5,轴线偏角输入 0,转频输入 10,显示周期输入 2,无白噪声时,仿真信号波形图见图 3.28。从图中可以看出,对于平行不对中,时域波形有二倍频成分,频域中二倍频成分显著,轴心轨迹呈现 8 字形或类香蕉形,轴向无振动信号。

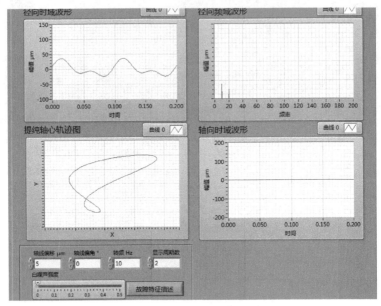

图 3.28　仿真实验图 6

当轴线偏角输入 5 的时候,仿真信号波形图见图 3.29。从图中可以看出,增加轴线偏角时,轴向有振动信号,信号频率为转频。

当轴线偏移输入 10、轴线偏角输入 5、转频输入 20、显示周期输入 8,白噪声强度输入 0.2 时,仿真信号波形图见图 3.30。该图和实际测试的含一定噪声的电涡流传感器所测量的振动位移信号基本一致。

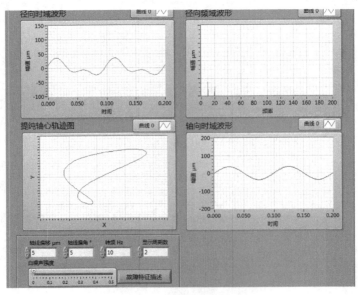

图 3.29　仿真实验图 7

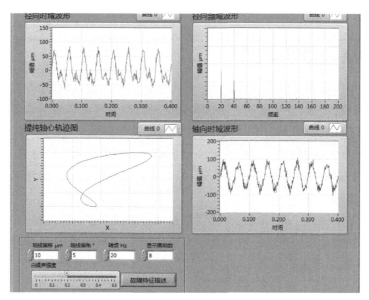

图 3.30　仿真实验图 8

3. 碰磨故障仿真实验

系统整体界面如图 3.31 所示,信号窗口有三个:时域波形、频域波形、提纯轴心轨迹,对应电涡流传感器测量转轴振动位移信号,可调节按钮有四个:幅值、转频、显示周期及白噪声强度,其中前三项参数通过文本框形式输入数据,白噪声通过标尺拉动输入,文本框数据可以通过上下按钮点击增加和减小,也可以直接在文本框通过键盘输入数据,还有故障特征描述按钮,可以对所显示的故障特征进行简要语言描述。

当幅值输入 16,转频输入 20,显示周期输入 6,白噪声强度输入 0.2 时,波形图见图 3.31,从图中可以看出碰磨故障信号在时域波形上有"削波",频谱上除了有转频成分还有高倍频及分倍频成分,轴心轨迹存在尖角。

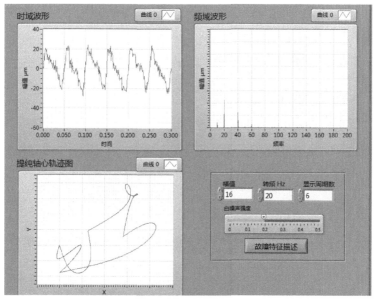

图 3.31　碰磨故障仿真实验

3.5　虚实结合教学模式

　　转子故障模拟仿真系统可以模拟转子的各类故障信号、常用信号处理方法及故障特征，以供高校和企业进行培训、教学活动。该仿真系统可以作为理论课教学的电子课件，同时也可以作为一项单独的虚拟仿真实验，可以培养学生敏锐的洞察力，以及分析问题、解决问题的能力，培养独立思考能力和团队意识，增强动手能力，激发实验学习热情。系统为机械系统故障诊断等课程提供虚实结合的教学模式，为教师和学生提供基本的理论教学指导，实践教学指导及领域创新拓展。

　　虚实结合的教学模式，"虚"是手段，"实"是目的，虚实并存，优势互补。虚拟实验可以在理论教学和实物实验之间建立一座桥梁，虚拟实验可以对抽象的概念、理论进行形象化的展示，可以作为教师课堂讲解的手段，同时虚拟实验让每个学员都有独立思考和操作的机会，让学生熟悉设备操作了解设备功能和工作原理、数据处理方法、典型结果等，为实物实验做好了理论和方法准备。虚拟实验可以看成一种新型的实物实验指导资料，为实物实验提供了支持。本教材基于虚实结合的教学模式见图 3.32。

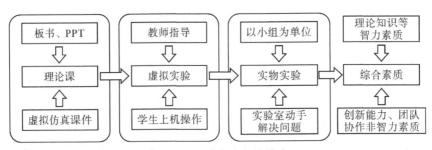

图 3.32　虚实结合教学模式

滚动轴承虚实结合故障诊断实验

第4章

机械设备的运行状态监测和故障诊断对保证设备的安全非常重要。为了保证设备的安全运行,消除事故,减小设备故障引起的损失需要进行设备故障诊断的研究,提高故障信号的分析和处理能力。

滚动轴承具有效率高,摩擦阻力小,装配方便,润滑容易等优点,在旋转机械中得到广泛应用。轴承在设备中具有承受载荷,传递载荷的作用,其工作条件恶劣,容易损坏,所以许多旋转机械的故障都与滚动轴承有关。据统计,机械设备的故障70%是振动故障,而振动故障有30%由轴承故障引起,所以滚动轴承的状态监测及故障诊断对于保证机械装备正常运行,降低事故率,提高生产效率具有重要意义。由于滚动轴承本身结构的特点、制造和装配方面的因素以及承载状态,轴承工作过程中尤其发生故障后会产生复杂的振动,因此振动监测方法是滚动轴承的主要监测方法。

4.1 滚动轴承故障形式及机理

4.1.1 滚动轴承主要的失效形式

滚动轴承主要的失效形式有疲劳剥落、磨损、腐蚀、断裂、压痕和胶合。

1. 疲劳剥落

疲劳剥落是滚动轴承的一种常见失效形式,指滚动体或滚道表面剥落或脱皮在表面上形成的不规则的凹坑等。造成疲劳的主要原因是疲劳应力、润滑不良或强迫安装,另外,过载、轴颈或轴承座孔不圆、内外圈安装不正、装配偏心等也会引发疲劳,当轴承零件反复承受载荷到达一定时间后,在接触表面一定深度处形成裂纹,然后裂纹逐渐扩展到接触表面,使表层金属呈片状剥落下来。

2. 磨损

滚动轴承磨损是指轴承滚道、滚动体、保持架、座孔或安装轴承的轴颈由于机械原因产生表面磨损。产生磨损的原因有磨料的存在、滚道润滑不良、安装配合太松等。磨损量较大时,轴承游隙增大,不仅降低了轴承的运转精度,也会带来机器的振动和噪声。对于精密机器上使用的轴承,磨损量就成了限定轴承使用寿命的主要因素,轴承磨损时磨损带的亮度与磨粒有关,粗磨粒产生的磨损带暗,细磨粒产生的磨损带亮。

3. 腐蚀

轴承表面腐蚀的原因有三种：一是润滑油中的水分、湿气的化学腐蚀；二是电流通过表面造成的电腐蚀；三是微振作用下形成的腐蚀。腐蚀将形成轴承表面的锈斑、早期剥落，使轴承安装间隙增大，严重的腐蚀也会造成轴承的振动和噪声。

4. 断裂

轴承零件的裂纹和断裂是一种严重的损坏形式。零件断裂的原因主要是由于轴承负荷过大、零件材料缺陷、热处理不良、压配过盈量太大、热应力等。

5. 压痕

压痕是由于装配不当，过载或撞击造成的表面局部凹陷。当轴承的静载荷过大、锤击组装力大、装配时承受冲击载荷时，局部接触面产生了塑性变形，形成了凹陷。一旦有了压痕，轴承工作过程中就会产生振动和噪声。

6. 胶合

胶合发生在滑动接触的两个表面，一个表面的金属黏附到另一个表面上，发生胶合的主要原因有滚动轴承速度太高、润滑不足和惯性力大，这样导致接触高温进而发生胶合。胶合使得滚道、滚动体等表面变得粗糙，并产生振动和噪声。

4.1.2 滚动轴承自身原因产生振动的机理及特征

滚动轴承工作时，由于外部激励及自身原因会产生振动、噪声和热，自身原因产生振动机理及特征如下。

1. 滚动体承载变化引起的振动

滚动体承受的载荷随滚动体的位置变化，由此引起的振动频率与滚珠的个数和保持架的转速有关。

2. 滚道和滚动体波纹度激发的内外圈的固有振动

滚道和滚动体表面粗糙度、波纹度是引起滚动轴承振动的一个主要原因。由以上原因引起的冲击性激励力往往会激发轴承各元件的固有振动，如外圈各阶径向弯曲振动、各阶轴向弯曲振动，这些固有振动会随时间逐渐衰减，其振动频率在几千赫到几十千赫的范围内。

3. 滚动体大小不均和内外圈偏心引起的振动

滚动体大小不均及内外圈偏心会引起转轴中心的振动，振动频率包括了轴的转频和倍频分量。

4. 润滑不良时由摩擦引起的振动

滚动轴承的摩擦包括滚动体与滚道之间的滚动和滑动摩擦、滚动体与保持架间的滑动摩擦等。摩擦导致了元件的磨损、擦伤、疲劳剥落、裂纹等损伤，同时摩擦也产生了大量的热量，最终使轴承产生材料胶合、振动和噪声。

5. 轴颈偏斜产生的振动。

轴承装歪或转轴弯曲会使轴承产生变形，此变形相当于转子产生角度不对中的情形，使得振动信号的频率以转频为特征,同时也具有滚动体的通过频率特征。

6. 滚道接触表面局部性缺陷引起的振动

滚道局部缺陷包括工作表面的剥落、裂纹、压痕、腐蚀凹坑和胶合等。当轴承零件上产生了疲劳剥落、压痕、腐蚀、胶合后,在轴承运转中就会因为碰撞而产生冲击脉冲,由于轴承的内圈和外圈属于薄壁件,因此其振动响应可以简化为单自由度系统冲击响应。图 4.1 给出单自由度系统冲击过程示意图,在冲击的第一阶段,在碰撞点产生很大的冲击加速度[见图 4.1(a)和(b)],它的大小和冲击速度成正比(在轴承中与疲劳损伤的形状、大小等有关)。

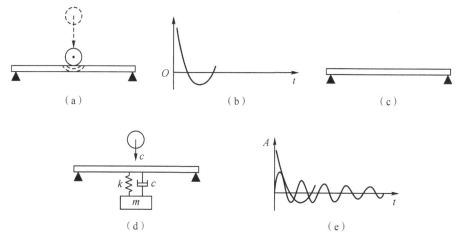

图 4.1　轴承存在剥落故障时的冲击过程示意图

第二阶段,零件变形产生衰减自由振动[见图 4.1(c)],振动频率为其固有频率[见图 4.1(d)],振幅的增加量也与冲击速度成正比[见图 4.1(e)]。

4.1.3　缺陷信号的特征频率

轴承存在疲劳剥落故障时,当滚动体和滚道接触处遇到一个局部缺陷时,就有一个冲击信号。信号中会出现作用时间短,形状陡峭的低频脉冲,设 T 为两次冲击的时间间隔,不同元件上存在缺陷时,脉冲出现的频率为 $1/T$。滚动轴承不同元件缺陷产生的振动信号,表现为滚动体在滚道上的通过率 f_i、f_o 或滚动体自转频率 f_b 对外环固有频率调制现象。滚道和滚动体故障的特征频率可根据轴承的转速、轴承零件的形状和尺寸由轴承的运动关系分析得到。下面是不同元件上存在缺陷时信号的特征频率计算公式。

1. 内圈缺陷

当轴承内圈产生剥落时,由于内圈随轴旋转,因此承受的压力具有周期性的变化,其时域波形呈现出脉冲幅值受到某一低频信号的调制现象。其中多数与旋转频率和滚动体的公转频率的振幅调制有关。

$$f_i = 0.5zf\left(1 + \frac{d}{E}\cos\alpha\right)$$

2. 外圈缺陷

当轴承外表面产生剥落时,由于外圈固定不动,因此承受力不变,其时域波形呈现出一串等幅值脉冲波形。其产生的振动频率是外环的一点和(单一)转动体相接触的基本频率再乘以转动体数的乘积及其高次谐波。由于损伤处的位置与承载方向之间的位置关系是一定的,所以与振幅调制无关。

$$f_。= 0.5zf\left(1 - \frac{d}{E}\cos\alpha\right)$$

3. 滚动体缺陷

由于润滑不良和混入异物等原因使滚动体表面劣化,致使滚动表面原来的凹凸不平程度变得更加厉害,这种凹凸不平仍具有随机性。由此而引起的振动也保持其随机性,只是由于凹凸程度增大,相应的激振力也会增大。由此产生的振动,其振幅也会相应增大。当轴承的滚动体表面产生剥落和裂纹等局部缺陷时,随着轴承的运转,缺陷部分每当与其他元件表面接触一次就会产生一个冲击脉冲力,该冲击具有明显的周期性。

$$f_b = \frac{E}{d}f\left[1 - \left(\frac{d}{E}\right)^2\cos^2\alpha\right]$$

式中,z 是钢球数;f 是回转频率;d 是钢球直径;E 是滚道节径;α 是接触角。

以上公式的推导过程,假定了外圈固定,内圈与轴一体旋转,同时滚动为纯滚动,即滚动体上接触点与滚道上相应点速度相等。同时假设了内圈滚道、外圈滚道或滚动体上有一处局部缺陷。

4.2　滚动轴承故障诊断实验

1. 实验目的

(1)熟悉滚动轴承的故障类型及其形成机理。

(2)搭建轴承振动信号测试系统。

(3)在故障模拟试验台上模拟轴承的各类故障并采集对应振动数据。

(4)采用各种信号处理方法对数据进行时域、频域信号分析及处理,找出理论上的故障特征,实现对轴承的故障诊断。

(5)在 MATLAB/LabVIEW 环境下编写程序软件,要求软件有状态实时监测、超标报警停机、故障诊断、故障定位等功能。

2. 教学基本要求

要求学生学习并掌握滚动轴承的振动信号采集与常用的信号分析技术。搭建由故障模拟试验台、振动传感器、数据采集箱、计算机组成的信号调理与采集系统,测量故障模拟试验台的振动信号,编制常用的时域、频域、时频域信号处理程序,对所采集的故障模拟信号进行分析。

3. 实验内容

设计故障模拟计划与实施方案,搭建故障模拟试验台与数据采集系统,采集故障模拟信号,用 MATLAB 软件编制时域、频域、时频域信号处理程序,对所采集故障信号进行分析,编制实验报告。具体要求如下：

（1）提前查阅实验室现有的故障模拟试验台说明书，根据试验台的配置设计不少于三种滚动轴承常见故障的模拟方案。

（2）根据实验计划，设备搭建由故障模拟试验台、振动传感器、信号调理箱、A/D 板、计算机组成的振动数据采集系统，采集故障数据。

（3）在 MATLAB 软件中编写幅值谱、短时傅里叶变换等分析程序，对所采集故障信号进行分析。

（4）撰写实验报告。

4. 使用的主要仪器

故障模拟试验台、电涡流、压电加速度传感器、信号采集仪、计算机。

5. 实验报告要求

（1）根据公式计算出轴承在实验转速下各类故障特征频率及 2 倍频、3 倍频。

（2）对测得的时域波形进行分析，看是否有明显的周期冲击，周期冲击的周期是多少；看频域的幅值谱及功率谱是否有计算出来的故障频率及其倍频，若不明显则采用各类信号处理方法进行故障特征信号提取。

（3）实验报告内容包括信号处理方法、信号处理结果、计算分析的图、表或数值结果，故障诊断结果以及对结果的简要分析，附自编软件与实验数据。

（4）总结出轴承的故障特征及故障诊断的创新方法。

（5）实验报告应独立完成。

6. 实验注意事项

（1）开启电源前检查传感器安装、电源线、信号线连接是否正确。

（2）传感器布置路径合理，线路粘贴牢固，防止运行过程中线缠绕上转轴。

（3）实验过程中一定要放下防护罩后再开启试验台。

（4）更换故障套件时一定要断开电源再对试验台进行拆卸。

（5）更换故障套件时注意按照教师指导的拆卸步骤进行。

（6）实验完成后，关闭仪器的电源，清洁好试验台。

4.3　实验仪器简介

4.3.1　实验测试系统简介

实验测试系统结构示意图如图 4.2 所示，试验台为 SQI 的机械系统故障模拟试验台，数据采集系统使用国产的 DHDAS 动态信号采集分析系统，传感器为 PCB 加速度传感器，实验系统实物见图 4.3。

SQI(MFS-PK4)故障模拟试验台主要包括电机、电机控制器、转子系统、轴承、齿轮箱及往复机构，电机用过联轴器带动转子旋转，转子由两个轴承支撑，转子通过皮带轮带动齿轮箱运动。通过更换转子系统的支撑轴承来模拟不同故障的轴承,轴承类型包括正常轴承、内圈故障、外圈故障、滚动体故障、混合故障五种情况;通过更换齿轮箱的齿轮来模拟不同齿轮故障,齿轮包括正常齿轮、齿轮缺齿、齿轮断齿、齿轮均匀磨损四种情况,其中齿轮均匀磨损有一个专用的齿轮箱来模拟,实验用故障轴承及故障齿轮如图 4.4 所示。一个加速度传感器置于右端轴承座上方(按照径向方向)采集轴承振动信号,一个置于齿轮箱上方采集齿轮振动信号,加速度传感器连接到数据采集仪,数据采集仪通过网线连接到电脑中的数据采集软件,采样频率为 12.8 kHz。

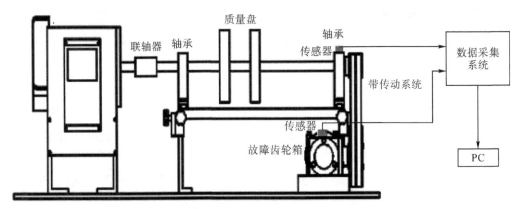

图 4.2　实验系统结构示意图

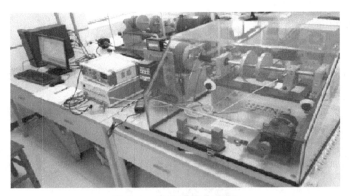

图 4.3　实验系统实物图

（a）故障轴承　　　（b）齿轮断齿　　　（c）齿轮缺齿　　　（d）齿轮均匀磨损

图 4.4　故障轴承及故障齿轮

4.3.2　机械系统故障模拟试验台使用说明

机械系统故障模拟试验台主要用于电机、转子系统、轴承、齿轮系统运行状态模拟,本实验所用的机械系统故障模拟试验台实物如图 4.5 所示,主要包括电机、电机控制器、转速测量、转子系统、轴承支撑系统、齿轮箱系统等。其中轴承及齿轮故障模拟主要通过更换故障轴承和故障齿轮的方式来实现。下面简要介绍故障轴承及故障齿轮更换步骤和注意事项。

图 4.5　故障模拟试验台

1. 皮带的拆装与更换

齿轮和轴承的更换都需要先拆卸皮带,皮带传动系统如图 4.6 所示,皮带的拆卸过程及注意事项如下。

图 4.6　皮带传动系统

(1)旋转张紧器上的螺丝扣使凸轮收回,减少皮带张力。将变速箱平台上的固定螺栓松动,使变速箱平台向前滑动,可使皮带更加松弛。

(2)将小皮带轮那边的皮带滑到右边,当皮带部分脱离小皮带轮时,可以旋转轴,这样可以更容易地使皮带从皮带轮上下来。

(3)安装皮带时,先把皮带套在大的皮带轮上。

(4)将皮带的另一头滑到小皮带轮上。同样,使轴转动可使皮带更轻松地套到小皮带轮上。

(5)旋转张紧器上的螺丝扣,将惰轮调至左侧,增加皮带张力。不要使皮带过紧,这样会导致转子和轴承损坏。一般来说,调整皮带张力使皮带在传动侧的两个皮带轮中间部位大约有 1/2 英寸(约 1.27 cm)的变形。该变形即为用手指轻轻的压在皮带上产生的变形。还可以将齿轮箱平台拉向自己来增加皮带的张紧力。再次强调,不要在顶开螺丝上施加太大的力,不然会损害机器。

(6)MFS 同时使用了杠杆式张紧器和可移动的齿轮箱平台来调整皮带张力。一般情况下通过旋转螺丝扣来调整皮带张力。此外,可通过调节齿轮箱平台的远近和顶开螺丝的位置来增加或是减小预紧力。在使平台运动前,务必松开其旁的三个内六角螺栓。调节平台前面的顶开螺丝使皮带最后张紧,当皮带张紧力合适时,再将三个内六角螺栓旋紧。

(7)不要使皮带过紧。当驱动侧皮带变形大约为 3/8 英寸(约 0.95 cm),即手指可以感觉到轻微的压力时即可。如果皮带过紧,会在轴承和轴上产生附加载荷力。

2. 滑轮对齐

为使系统正常运转(磨损最小、振动最小、热最小),滑轮必须在一条直线上。由于偏移和角度(轴不平行),会导致滑轮不在一条直线上。标准的对齐滑轮的方法(虽然由现在的标准来看不是很客观)是使两个滑轮的外侧面共面(可用一个长直尺的边来衡量,见图 4.7)。当两个滑轮距离较远时需要用激光束来对齐。如果两个滑轮无偏移,直边和滑轮侧面将是一致的。如果存在角位移,直边和滑轮侧面间的距离将收窄。当两个滑轮在可接受的对齐范围时,直边和滑轮侧面间将不会有距离。当要求滑轮在大尺度范围内对齐时,这种方法是简单可行的。但当使用不同宽度的滑轮时就要注意了,这种情况下,需采用一种合适的测量方法来允许保证这种差异性。

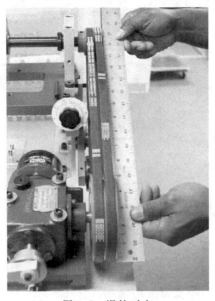

图 4.7　滑轮对齐

在 MFS 实验平台上,会出现由电机、转子组件和齿轮箱等导致的滑轮角位移偏差。特别是,这三个模块必须固定从而使最终的调整有足够的运动空间。假设从电机到转子组件在正常范围内是对齐的,那么在齿轮箱到平台间的安装将会有足够的调整空间来补偿角度误差。所需要做的就是将直尺边对直滑轮侧面,松开齿轮箱的装配,旋转齿轮箱来消除不对中。如果没有足够的调整空间,那么需要重新调整电机,并且需调整转子组合体和电机对中,从而最终使滑轮对中。

调整滑轮偏移的方法:将直尺边靠到滑轮侧面,松开上面滑轮的固定螺丝,重新调整滑轮来消除偏移量。

3. 齿轮更换

更换齿轮时,首先按照上述方法将皮带轮拆下,然后使用扳手将齿轮箱上大带轮的两个紧固螺钉拆下来。大带轮和紧固轴套之间是锥形配合,靠紧紧固螺钉拉紧紧固轴套,使紧固轴套和齿轮轴抱紧。如果大带轮和紧固轴套依然很紧,可以使用拆下来的螺钉拧到两个顶出螺纹孔,螺钉顶到大带轮时使用扳手对两个顶出螺钉交替缓慢拧紧,使大带轮脱离紧固轴套,然后将紧固轴套和大带轮取出,如图 4.8 所示。

图 4.8　齿轮更换示意图

取出大带轮后,拆卸大带轮侧的齿轮:使用内六角扳手拆卸固定齿轮的三个内六角螺钉,然后轻轻晃动齿轮,使齿轮脱离啮合,把齿轮拿出来放置妥当。

取出需要更换的齿轮,套上密封垫圈,轻轻放入齿轮箱,轻轻晃动齿轮使齿轮进入啮合装配,对齐螺钉孔,上紧螺钉。

然后进行紧固轴套和大带轮的安装:将大带轮和紧固轴套一起装到齿轮轴上,注意不要丢掉键,然后拧紧紧固螺钉。在安装大带轮时需要参考上文滑轮对齐相关要求使大带轮和转轴上的小带轮对齐。

本试验台电机输出轴和齿轮箱之间的带传动减速比为 2.48,模拟故障齿轮齿数为 18,齿轮箱传动比为 1.5。

4.轴承更换

通过更换不同故障轴承来模拟不同故障轴承的运行振动信号,更换轴承主要步骤及注意事项如下。

(1)拆卸掉皮带,然后用内六角扳手拧松小带轮上的顶紧螺钉,拆掉转轴上的小带轮。

(2)拆除联轴器的两个紧固螺钉,使转子系统和电机轴分离。

(3)拆除需要更换的轴承的内圈抱紧螺钉,使轴承内圈和转轴分离。通常更换右侧轴承,只需拆掉右侧轴承的内圈抱紧环,如图 4.9 所示。

(4)使用内六角扳手拆掉两个轴承座螺钉,拿下轴承座上端盖。

(5)转轴系统即可取出。

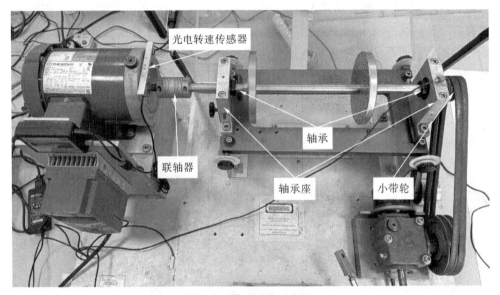

图 4.9　轴承更换示意图

(6)将转轴系统放置到安全的台面上,如图 4.10 所示,把需要更换下去的轴承取下,把实验轴承装上,然后将装好实验轴承的转子系统放置上轴承底座上。放置的时候注意左侧轴承装到左侧轴承座上的槽内,紧顶住左侧面,以便定位,然后把右侧轴承放置到右侧轴承座槽内,紧顶右侧槽端面。

图 4.10　转轴系统

(7)把右侧轴承内圈紧固圈上的紧固螺钉拧紧,把轴承座上半座装上。在拧紧内圈紧固螺钉时,要保证轴承内圈和转子轴紧密连接在一起,不能有打滑情况。在安装轴承座上座时,注意用手调整上下两个轴承座,不要有明显错位。

(8)将联轴器放置到电机轴和转子轴中间,拧紧联轴器紧固螺钉。

(9)合上试验台外罩,使得接近开关闭合到位,然后调节实验转速频率,开机运行。

5.试验台控制

试验台控制器如图 4.11 所示,上面是光电转速传感器数字转速显示屏,用来测量电机实际转速。光电转速传感器装在电机右侧输出轴上方,需要在电机输出轴上安装反光标签。

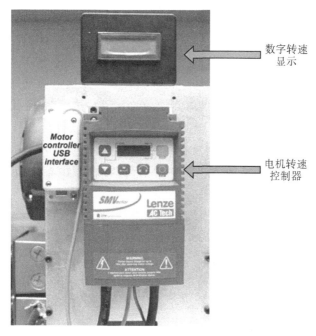

图 4.11　试验台控制器

电机控制器用于设置电机转速、运行、停止以及控制器编程,具体按键说明图见表 4.1。

表 4.1　电机控制器按键说明

键盘按钮	说明
	运行按钮。用来开始驱动
	中止按钮。不管驱动在什么模式下运行,该按钮都会中止驱动

键盘按钮	说明
	当在编程驱动的时候,该按钮用来确定/退出参数菜单,还可以确定一个改变了的参数值
	用来编程并可以改变转速的大小
	选择电机的转动方向

4.3.3 采集软件简介

接通数据采集仪电源,并打开电源开关,双击计算机桌面上的软件图标"DHDAS 动态信号采集分析系统",进入软件主界面,点击文件模板,进入路径及参数设置界面,如图 4.12 所示。先打开信号采集仪,待信号灯熄灭后,进入软件后软件和采集仪会自动连接,如果先打开软件再打开采集仪,则需在硬件设置中搜索并连接硬件。连接硬件时注意数据采集仪的 IP 需要和电脑的 IP 在一个局域网内,即两者 IP 前三项一致,最后一项不一致即可。

图 4.12 软件参数设置主界面

在参数设置界面首先设置合适的采样频率,然后对每个通道的参数进行详细设置,点击每个通道右侧的通道设定,可以进入通道设定对话框,如图 4.13 所示。在对话框内对该通道进行测量量、工程单位、量程、灵敏度、上限频率等的详细设定。通常压电加速度传感器输入方式为 ICP,电涡流、磁电式速度传感器输入方式选择 SINDC。量程一般先选择大一点,进入测量后再根据实际信号大小调整合适量程。

图 4.13　通道设定对话框

通道设置完毕后,在右侧设置栏中可以对通道进行平衡和清零操作。将鼠标放置到设置上,点击会出现平衡当前通道、平衡所有通道、清零等选项。

通道设置完毕后点击上面测量页面,进入测量界面,点击图形区设计界面,进入"图形区设计"选项卡,如图 4.14 所示。在"图形区设计"选项卡中可以按照自己测试需要设计所需要的信号波形界面,包括时域波形的记录仪、轴心轨迹、频谱图等界面,选择好后自己进行布局,或者点击横向平铺、纵向平铺。每个记录仪的信号在右侧模拟通道中选择需要采集的通道即可,轴心轨迹选择两个呈 90°角安装的电涡流传感器,记录仪自动合成轴心轨迹。

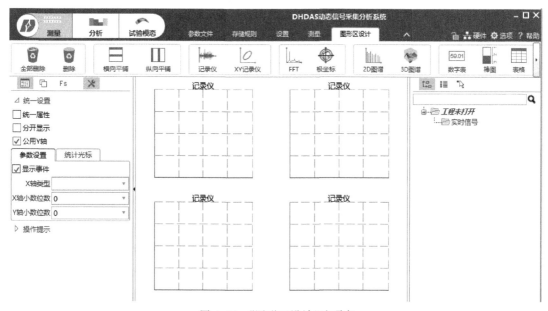

图 4.14　"图形区设计"选项卡

图形区设计完成后进入测量界面，重新清零后点击示波，确认每个通道都有信号后就可以正式进入实验数据采集。操作试验台达到实验转速及条件后单击"采集"按钮，软件进行数据采集，实验结束后单击"停止"按钮，软件对数据进行保存，如图4.15所示。

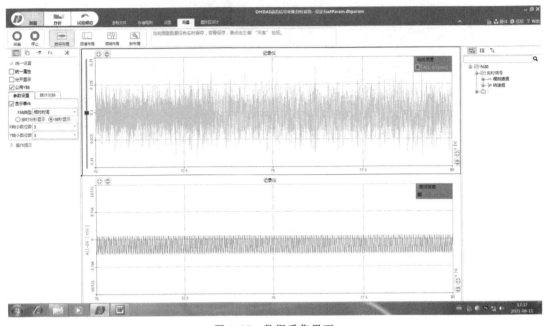

图 4.15　数据采集界面

实验数据采集完成后可以对数据进行导出。单击左上的"分析"模块，并打开"分析"模块中的输出选项，可以对本次实验测试的数据进行导出，导出格式可以选择 EXCEL 工作簿、文本文档、Matlab 文档等格式，选择需要的通道及数据等参数单击"输出"按钮即可完成实验数据的导出，如图4.16所示。

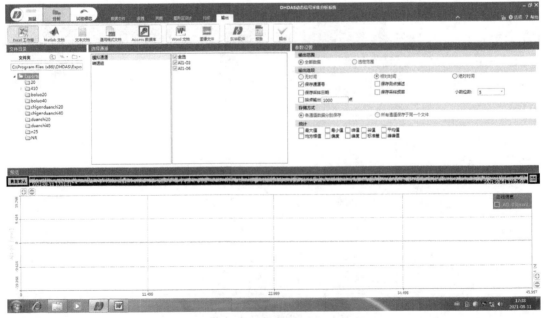

图 4.16　数据导出界面

4.4 滚动轴承故障诊断虚拟仿真系统

为了提高故障诊断课程教学效果,方便学生学习故障诊断课,我们制作了一款滚动轴承故障诊断虚拟仿真系统,系统功能包括轴承参数的输入,故障信号的产生,信号的处理,诊断结果的显示等几大部分。工具是 LabVIEW+MATLAB,LabVIEW 负责编写前台界面和信号的简单处理,MATLAB 负责信号的高级处理,比如 EMD 分析等。

该仿真系统借助计算机技术,将轴承故障诊断相关知识内容以动画、仿真的形式形象生动地进行展示和讲解,可以方便学生对相关轴承故障机理、故障振动特征、信号处理方法等内容的深入理解和应用。系统开发思路如下。

1. 可视化设计

仿真系统不仅支持图形用户界面的可视化设计操作,还支持关键知识的可视化表达,使用户对知识的印象更加深刻。

2. 模块化设计

仿真系统软件架构采用模块化的方式,使用户操作更加简单、方便。功能更加明显,提高了用户的使用体验度,免去了用户的软件学习成本。

3. 可视化语法引导设计

在用户输入过程中,输入出错会进行对话框提醒,指明错误原因和改正方式。保证数据的规范录入,减少出错概率,提高用户体验,保证不同的人所输入的数据基本正确。

4. 交互友好性设计

软件的使用按照一种学习的思路层层展开,以让用户更加方便、快速、趣味、有选择地学习知识,操作难度低,功能明显,无软件学习成本。

5. 与其他常用编程语言的用户程序互相调用

系统调用 MATLAB 编程语言开发的内部函数,使软件功能更加强大,计算更加快速,图像化显示更加清楚、美观。

4.4.1 仿真系统总体设计

根据滚动轴承故障诊断需要的相关知识和技能要求,系统首先进行了总体设计,确定系统主要内容。系统主要内容分为 5 大部分,分别是故障类型及产生原因、监测方法、故障信号预处理方法、故障信号分析方法、典型故障的 EMD 分析示例,具体设计如图 4.17 所示,按照通用的系统设计,本系统设计简单的登录界面,已做权限管理和数据统计。

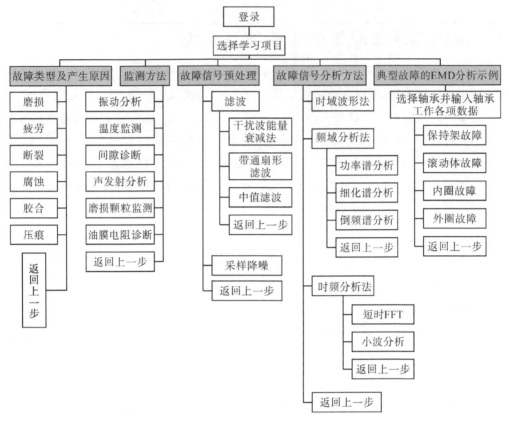

图 4.17　系统总体设计框图

4.4.2　系统仿真机理

滚动轴承在旋转的过程中由于局部缺陷会产生冲击振动,激发零件以固有频率进行振荡,单个零件的固有频率计算公式如下。

滚动体固有频率：
$$f_n = \frac{0.424}{r}\sqrt{\frac{E}{2\rho}} \qquad (4-1)$$

轴承内外圈的固有频率：
$$f_n = \frac{n(n^3-1)}{2\pi\sqrt{n^2+1}}\frac{1}{a^2}\sqrt{\frac{EI}{M}} \qquad (4-2)$$

式中,r 为滚动体的半径;ρ 为材料密度;E 为弹性模量;n 为固有频率的阶次;I 为套圈截面绕中性轴的惯性距;a 为回转轴线到中性轴半径;M 为单位长度的质量。

滚动轴承的故障特征频率计算公式如下。

工作轴转频：
$$f_i = n/60 \qquad (4-3)$$

保持架回转频率：
$$f_{cp} = \frac{1}{2}\left(1-\frac{d}{D}\cos\beta\right)f_i \qquad (4-4)$$

滚动体故障频率：
$$f_{rp} = \frac{1}{2}\frac{D}{d}\left[1-\left(\frac{d\cos\beta}{D}\right)^2\right]f_i \qquad (4-5)$$

内圈故障频率：
$$f_{ip} = \frac{z}{2}(1 + \frac{d}{D}\cos\beta)f_i \qquad (4-6)$$

外圈故障频率：
$$f_{op} = \frac{z}{2}(1 - \frac{d}{D}\cos\beta)f_i \qquad (4-7)$$

式中，n 为转速；D 为轴承节径；d 为滚动体直径；β 为接触角；z 为滚动体个数。

从经典动力学理论可知，无论何种故障形式，滚动体每经过局部损伤就会激发冲击力，冲击力是一个宽频信号，会激发轴承系统的振动。由于轴承的薄壁特性，可以把轴承简化成一个单自由度系统，在单位脉冲力的作用下，系统的振动响应如式（4-8）所示

$$r(t) = ae^{-2\pi\frac{\zeta}{\sqrt{1-\zeta^2}}f_d t}\sin2\pi f_d t + \varphi = ae^{-D_p t}\sin2\pi f_d t + \varphi \qquad (4-8)$$

式中，a 为脉冲幅值；ζ 为阻尼比；f_d 为固有频率；D_p 为衰减系数。

从公式中可以看出其响应是衰减的简谐振动，频率为 f_d，衰减系数 D_p 决定了振幅衰减的快慢。单位冲击响应能量集中在一定频带内，形状如山峰，频带的中心为系统固有频率，带宽由系统的阻尼比和固有频率决定。

转速恒定时，轴承的局部损伤点产生周期性的脉冲力，考虑轴承的接触载荷分布函数 $q(t)$，该激振力描述如下：

$$F(t) = \sum_{i=1}^{K} q(t)\delta(t - \frac{i}{f_c}) \qquad (4-9)$$

式中，δ 为脉冲函数；f_c 为冲击力序列的频率。该激振力的频域响应为

$$F(f) = \sum_{i=1}^{K} b_i\delta(f - if_c) \qquad (4-10)$$

式中，b_i 为谱线 if_c 的幅值，故障频率即谱线间隔。系统的动态响应为激振力 $F(t)$ 和冲击响应 $r(t)$ 的卷积和：

$$x(t) = F(t) * r(t) = \sum_{i=1}^{K} a_i rt - \frac{i}{f_c} - \tau_k + \varphi \qquad (4-11)$$

式中，τ_k 为随机滑动因子。

由卷积定理可知，系统动态响应的频谱为激振力序列的频谱 $F(f)$ 和系统冲击响应的频谱 $r(f)$ 的乘积，即轴承局部故障的动态响应在时域上是由一系列振荡衰减冲击信号组成，在频域内由间隔为故障特征频率的系列谱线组成，共振区内幅值被放大。

4.4.3　滚动轴承故障诊断虚拟仿真实验

基于以上理论和设计思路，以 LabVIEW 和 MATLAB 软件为开发环境，开发了滚动轴承故障示教软件。打开软件，首先弹出的是登录界面，完成登录后进入系统主界面，主界面有五个大模块，分别是故障类型及产生原因、检测方法、故障信号预处理、故障信号分析方法、典型故障的 EMD 分析模块，如图 4.18 所示。这些模块均可点击进去学习；在该界面下面还有四个小模块，分别是轴承故障特点、轴承失效发展阶段、轴承故障特征频率计算和其余现代轴承诊断方法，也都可以点击学习。

单击"故障类型及产生原因"模块,进入如图 4.19 所示的界面,软件设置了六种典型的故障类型,分别是磨损、腐蚀、疲劳、胶合、断裂、压痕。每个故障类型都配有相应的图片,文字解说以及基本公式推导。

图 4.18　系统主界面

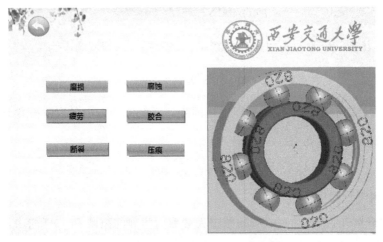

图 4.19　故障类型及产生原因模块

单击主界面中的"监测方法"模块,进入如图 4.20 所示的界面,该界面包括六个方面:振动分析法、温度检测法、间隙诊断法、声发射分析法、磨粒颗粒检测法、油膜电阻诊断法。每个部分都包括其原理、优点,以及可进一步学习的小模块供用户选择使用。

单击主界面中的"信号预处理"模块,进入如图 4.21 所示的界面,该界面有自适应滤波、带通扇形滤波、中值滤波、采样降频四个模块。每个模块都有其介绍。

单击"故障信号分析方法"模块,进入如图 4.22 所示的界面。其中有时域波形法、功率分析法、包络解调法、倒频谱分析法、FFT、小波分析六种方法供用户学习。

图 4.20　监测方法模块

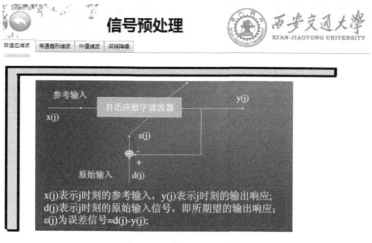

图 4.21　信号预处理模块

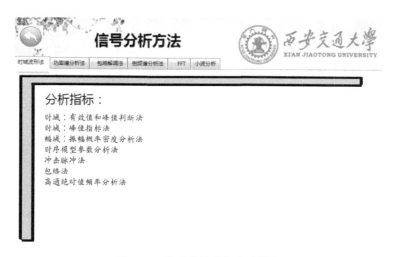

图 4.22　故障信号分析方法模块

单击主界面中的"典型信号的EMD分析"模块,进入图4.23所示的界面。该界面详细介绍了滚动轴承各类故障的典型信号、信号处理方法及典型结果,可以方便初学者较为系统地了解轴承故障诊断思路。

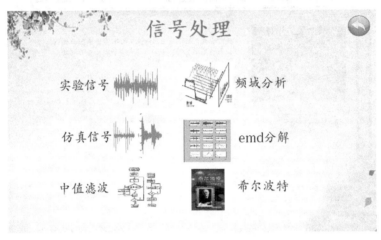

图 4.23 典型故障 EMD 分解界面

单击"实验信号"图标,可以打开软件预置的机械系统故障模拟试验台上采集的轴承故障信号,可以看到外圈故障时域信号呈现周期冲击信号,幅值较为一致,内圈故障的冲击故障信号呈现较为明显的调制现象。

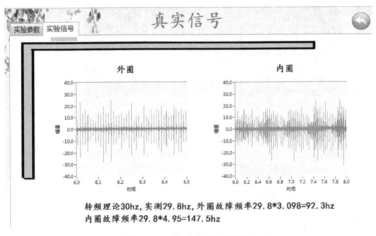

图 4.24 实验信号界面图

单击"仿真信号"图标,出现仿真信号相关内容,界面如图4.25所示,该模块下有仿真原理介绍,故障类型及产生原因动画演示以及典型轴承故障仿真信号。

信号仿真模块下的仿真信号实现了典型滚动轴承故障信号仿真,选择所需要模拟的轴承型号,系统自动给出轴承相关尺寸参数,输入转速,单击"计算故障频率"按钮,系统可以自动计算轴承在该转速下的故障特征频率,并根据仿真机理仿真出该轴承在该转速下的故障信号时域波形,如图4.26所示。

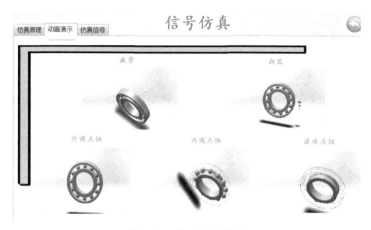

图 4.25　仿真信号界面

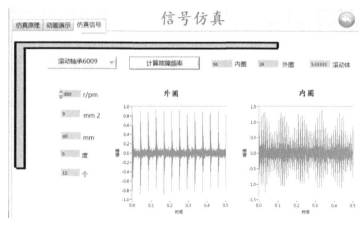

图 4.26　信号仿真界面图

中值滤波和频域分析分别对实验信号及仿真信号进行中值滤波及频域分析，显示滤波后的信号。从图 4.27 中可以看出滤波主要实现了对高频噪声信号的滤除，方便进一步对信号进行时域和频域方面的分析处理。

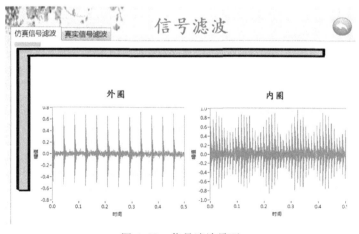

图 4.27　信号滤波界面

经验模态分解简称 EMD,它能使复杂信号分解为有限个本征模函数(简称 IMF),所分解出来的各 IMF 分量包含了原信号的不同时间尺度的局部特征信号,经验模态分解法能使非平稳数据进行平稳化处理,再进行希尔伯特变换获得时频谱图,得到有物理意义的频率,在轴承故障诊断中也有较好的应用效果。

系统 EMD 分解具体界面如图 4.28 所示,该界面可以对实验信号和仿真信号进行 EMD 分解,方法是在 LabVIEW 中调用了 MATLAB 程序,在 MATLAB 中将信号分解成不同的 IMF 分量,可以选出代表冲击信号的分量进行进一步希尔伯特解调(见图 4.29),即可得到较为清楚的故障特征频率。

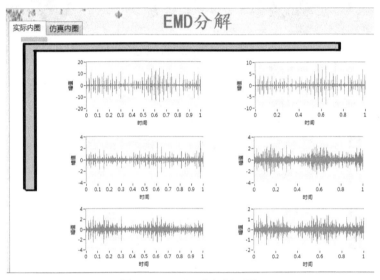

图 4.28 EMD 分解界面图

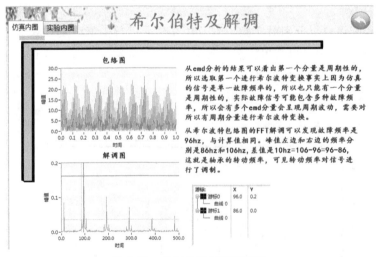

图 4.29 希尔伯特解调界面图

轴承故障诊断虚拟仿真系统为理论教学和实验教学带来极大的方便,其借助计算机技术以动画、仿真的形式形象生动地将轴承故障诊断相关内容串联起来,使学生更容易地理解滚动轴承故障诊断的各类知识点,对滚动轴承常见的故障诊断方法有较为全面的了解,最后以较为完整通用的信号处理方法对实验信号或者仿真信号进行了信号处理及故障特征提取,为初学者提供了可行的轴承故障诊断方法,每个学生都可以独立进行虚拟仿真实验,不受时间和地点的限制,能启发学生的思维,为实物实验提供理论和方法支撑,提高教学质量。

齿轮传动系统虚实结合故障诊断实验

第5章

齿轮传动是指由齿轮副传递运动和动力的装置,它是现代各种设备中应用最广泛的一种机械传动方式。齿轮传动具有传动精度高、适用范围宽、性能优良、运行可靠、故障率低的特点,具体如下。

(1)传动精度高。现代常用的渐开线齿轮的传动比准确、恒定不变。传动精度高不仅是对精密机械与仪器的关键要求,也是高速重载下减轻动载荷、实现平稳传动的重要条件。

(2)适用范围宽。齿轮传动传递的功率范围极宽,可以从 0.001 W 到 60000 kW;圆周速度可以很低,也可高达 150 m/s,带传动、链传动均难以比拟。

(3)可以实现平行轴、相交轴、交错轴等空间任意两轴间的传动,这也是带传动、链传动做不到的。

(4)使用寿命长,传动效率较高。

齿轮传动被广泛地应用于各类工业场合中,诸如各类机床、汽轮机、航空发动机等大型装备中均有齿轮传动系统。作为机械装备行业广泛使用的传动系统,齿轮运行状态的正常与否直接关系到整台机组的工作状况,一旦齿轮传动系统发生故障,轻则引起振动加剧、加工精度下降、传动效率受损,重则造成停机、设备损坏,更严重的还会引起事故,造成人员伤害和财产损失。所以必须提高其运行管理和维护水平,对齿轮传动装置采用状态监测及故障诊断技术进行状态监测与故障诊断,可实现齿轮传动系统的运行状态实时监测,对发生的故障进行预测定位,一方面可以提前制定维修策略,另一方面可以指导设计改进。因此齿轮传动系统故障诊断技术是实现传统事后维修、定期维修到视情维修的关键技术。

齿轮箱的故障诊断方法大体上可分为两大类,一是通过齿轮运转过程中所产生的振动,声音和油温等动态信号,运用信号处理方法来完成故障的分析及诊断;二是根据摩擦磨损理论,通过润滑油液分析来达到故障诊断的目的,主要是通过分析润滑油里的金属的成分是哪一部分的材料来判断齿轮传动系统是否属于正常现象。

5.1 齿轮传动系统典型故障

据统计,齿轮传动系统发生的故障有 40% 是由于设计、制造、装配及原材料等因素引起的,还有 43% 的原因是用户维护不及时和操作不当引起的,剩下的 17% 是在齿轮箱内由于相邻条件的故障或缺陷引起的。齿轮传动系统的故障类型主要有如下几种。

(1)齿形误差。齿形误差是指齿轮齿形偏离理想的齿廓线,其中包括制造误差、安装误差和服役后产生的误差。这里主要指在齿轮投入使用后产生的齿形误差,包括齿面塑性变形、表面不均匀磨损和表面疲劳等。断齿也会造成齿形误差,但由于其振动信号的特征与这些齿形误差有着明显的差异,所以把它列为单独的故障形式,以便于故障诊断。

(2)齿轮均匀磨损。齿轮均匀磨损主要是指齿轮投入使用后在啮合过程中出现的材料摩擦损伤的现象,主要包括磨粒均匀磨损和腐蚀均匀磨损。齿轮轮齿均匀磨损时不会造成严重的齿形误差,其振动信号的特征也与齿形误差有区别,所以不归结为齿形误差。

(3)轴不对中。轴不对中主要是指联轴器两端的轴由于设计、制造、安装或者使用过程中的问题,使轴系虽平行但不对中,造成轴上的齿轮产生分布类型的齿形误差。振动信号与单一齿轮齿形误差不同的是,轴不对中时所有轴上的齿轮均会产生齿形误差而导致信号的调制现象。

(4)断齿。断齿是一种齿轮的严重故障,主要有疲劳断齿和过载断齿两种形式,其中大多数为疲劳断齿。断齿时其振动信号冲击能量大,不同于齿形误差和齿轮均匀磨损。

(5)箱体共振。箱体共振是由冲击能量激励起齿轮箱箱体的固有频率而产生的共振现象。箱体共振产生很大的冲击振动能量,是一种非常严重的故障,一般是由箱体的外部激励而引起的。

(6)轴轻度弯曲。齿轮箱中轴也经常产生故障。当轴产生轻度弯曲时,也会导致该轴上的齿轮产生齿形误差。与单一齿轮齿形误差故障不同的是,轴弯曲时该轴上所有齿轮均会产生较大的齿形误差。

(7)轴严重弯曲。轴严重弯曲是齿轮箱的一种较为严重的故障形式。当轴发生严重弯曲时,产生较大冲击能量,造成严重的后果,其振动信号也不同于轻度弯曲。

(8)轴不平衡。轴不平衡是齿轮箱中轴的种典型故障。所谓不平衡,是指轴由于偏心的存在而引起的不平衡的振动,这种偏心可以是由于制造、安装和投入使用后的变形产生。当产生轴不平衡时,在齿轮传动中也将导致齿形误差,但这种故障与单纯的齿形误差有着明显的区别。

(9)轴向窜动。轴向窜动主要发生在使用斜齿轮的情况下,当同一轴上有两个同时参与啮合的斜齿轮,而轴向又没有很好地定位与锁定装置时,有时就会发生轴向窜动现象,这主要是由于其轴向受力不平衡造成的。轴向窜动将严重影响齿轮传动精度和平衡性,还可能造成齿轮轮齿端面的冲击磨损,是一种较为严重的故障。

(10)啮面损伤。啮面损伤有齿面磨损、黏着撕伤、齿面疲劳、齿面塑性变形、烧伤,以及组合损伤(腐蚀磨损、轮齿塑性变形、严重磨损断齿、气蚀、电蚀等)等。

5.2　齿轮系振动模型及典型信号特征

齿轮的动力学模型不仅可以用于定性地分析齿轮的动态特性,而且能够定量地分析齿轮的动态特性。图 5.1 以一对齿轮副作为研究对象,在不考虑齿轮轮辐刚度影响及轴变形的基础上,其简单动力学响应可表示为式(5-1)。

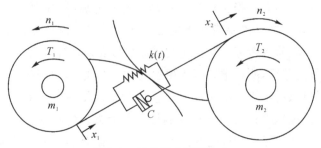

图 5.1　齿轮振动模型建立

$$M\ddot{x} + C\dot{x} + k(t)[x - E(t)] = \frac{(M_2 - iM_1)}{r_2} \qquad (5-1)$$

式中,$M = \dfrac{m_1 m_2}{m_1 + m_2}$ 表示当量质量;x 表示作用线上齿轮的相对位移;C 表示齿轮啮合阻尼;$k(t)$ 表示齿轮啮合刚度;M_1、M_2 表示作用在主、从动齿轮上的扭矩;r_2 表示从动齿轮上的节圆半径;i 表示齿轮副的传动比;$E(t)$ 表示由齿轮的轮齿变形和误差、故障造成的两个齿在作用线方向上的相对位移。

当齿轮箱主要部件正常时,在齿轮箱箱体上测得的振动信号一般是平稳信号。在故障状态下,齿轮箱上测得的信号会发生变化,有以下三类信号特征。

(1)平稳信号。齿轮箱上主要部件齿轮、轴承、箱体和传动轴的特征信号的幅值发生较显著的变化,一般来说幅值表征着信号的能量,齿轮的过度磨损是这类故障的典型代表。

(2)周期平稳信号。振动信号上出现了有规律地冲击现象或调制现象。部分这类齿轮箱故障是较严重的故障,齿轮箱制造误差、安装误差、传动轴出现轻度弯曲或重度弯曲是这类故障的典型代表。

(3)非平稳信号。振动信号出现无规律地冲击或调制现象。这时的信号一般代表齿轮或轴承发生了较为严重的故障,轴承出现大面积的连续疲劳剥落是这类故障的典型代表。

5.3　齿轮典型故障信号的调制现象

齿轮系统运行过程中信号较为杂多,有齿轮副的旋转信号、齿轮啮合频率、支撑轴承运动信号及故障冲击信号等,所以在齿轮出现故障时,振动信号会呈现明显的调幅调频现象。

式(5-2)为载波幅值随调制信号所引起的幅值调制现象。

$$x(t) = A(1 + m\cos w_m t)\sin(w_0 t + \varphi)$$

$$x(t) = A\sin(w_0 t + \varphi) + \frac{mA}{2}\sin[(w_0 + w_m)t + \varphi] + \frac{mA}{2}\sin[(w_0 - w_m)t + \varphi]$$

$$(5-2)$$

式(5-3)为相位、频率调制机理。

$$x(t) = A\sin[2\pi f_z t + \beta\sin(2\pi f_r t) + \varphi] \qquad (5-3)$$

将式(5-3)用贝塞尔函数展成无穷级数:

$$x(t) = \frac{A}{2}\{J_0(\beta)\sin[2\pi f_z t + \varphi] + J_1(\beta)\sin[2\pi(f_z - f_r)t + \varphi] +$$
$$J_1(\beta)\sin[2\pi(f_z + f_r)t + \varphi] + J_2(\beta)\sin[2\pi(f_z - 2f_r)t + \varphi] + \qquad (5-4)$$
$$J_2(\beta)\sin[2\pi(f_z + 2f_r)t + \varphi] + \cdots\}$$

式中，$J_0(\beta)$ $J_1(\beta)$ $J_2(\beta)$ 表示贝塞尔系数。

图 5.2 对调幅和调频现象进行了形象地展示，说明了边频带的形成。

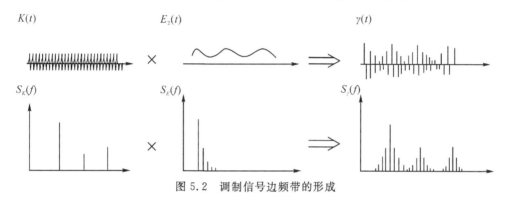

图 5.2　调制信号边频带的形成

从上述机理可以看出当齿轮箱发生故障时，振动信号中存在大量的调制现象。而振动信号的调制特征可以通过边频带来反映，故障诊断实质是对边频带的识别。例如对于分布缺陷(点蚀等)，边频带较高且窄，对于集中缺陷(断齿、裂纹等)，边频带多且均匀。

典型故障信号的边频带特征如下。

(1)断齿或裂纹：以齿轮啮合频率以及谐波为载波频率，故障齿轮所在轴转频以及倍频为调制频率，调制边频带宽而高。

(2)齿形误差：以齿轮啮合频率及其谐波为载波频率，齿轮所在轴转频及其倍频为调制频率的啮合频率调制。

(3)齿轮均匀磨损：齿轮的啮合频率及其谐波的幅值明显增大。

(4)轴不对中：调制频率的 2 倍频幅值最大。

(5)齿面剥落等集中性故障：边频带阶数多而分散。

(6)齿面点蚀等分布性故障：边频带阶数少而集中。

(7)轴承故障：齿轮啮合频率的幅值迅速升高，边频带的分布幅值没有明显变化。

在振动信号分析及处理上，目前常用的信号处理方法如下所列。

(1)时域分析：包括对峰值、峰峰值、平均值、方差等指标，自相关及互相关函数的分析。

(2)时域平均方法：时域平均方法是从混有噪声干扰的信号中提取周期性分量的过程，也称相干检波。对机械信号以一定的周期为间隔截取若干段，然后将所截得的信号段中对应的离散点相加后取算术平均，这样可以消除原信号中的随机干扰和非指定周期分量而保留指定的周期分量及其倍频分量。

(3)频域分析：对幅值谱、功率谱、对数谱、相位谱等的分析。

(4)解调分析：希尔伯特包络分析。

(5)现代信号处理方法：神经网络、小波分析、模糊分析等。小波分析方法：考虑到小波分析作为一种全新的信号分析手段,在信号的特征提取方面具有传统傅里叶分析无可比拟的优越性,这主要表现在小波分析同时具有较好的时域特性和频域特性,能够聚焦到信号的任何细节;小波分析时所加的窗是面积一定,长宽可以改变的,信号的正交性分解是无冗余的,不存在能量的泄漏,能适用于处理各种类型的信号,尤其对非平稳振动信号分析显示了其卓越的性能,因此对于齿轮箱故障这样的复杂信号,小波分析是比较合适的信号处理方法。

5.4　齿轮系统振动监测与故障诊断技术实验

1. 实验目的

(1)熟悉齿轮传动系统的故障类型及其形成机理。

(2)在故障模拟试验台上模拟齿轮的各类故障并采集对应数据。

(3)比较每组数据时域和频域的差别,根据所学的理论知识总结各类故障特征。

(4)在 MATLAB/LabVIEW 环境下编写程序软件,对信号进行相关方法的处理,得到齿轮系统振动信号故障特征提取。

2. 教学基本要求

要求学生学习并掌握齿轮系统的振动信号采集与常用的信号分析技术。搭建由故障模拟试验台、振动传感器、数据采集箱、计算机组成的信号调理与采集系统,采集故障模拟试验台的振动信号,编制常用的时域、频域、时频域信号处理程序,对所采集的故障模拟信号进行分析。

3. 实验内容

设计故障模拟计划与实施方案,搭建故障模拟试验台与数据采集系统,采集故障模拟信号,用 MATLAB 软件编制时域、频域、时频域信号处理程序,对所采集故障信号进行分析,编制实验报告。具体要求如下。

(1)提前查阅实验室现有的故障试验台说明书,根据试验台的配置设计不少于三种齿轮系统常见故障的模拟方案。

(2)根据实验计划,搭建由故障模拟试验台、振动传感器、信号调理箱、A/D 板、计算机组成的振动数据采集系统,采集故障数据。

(3)在 MATLAB 软件中编写幅值谱、短时傅里叶变换等分析程序,对所采集故障信号进行分析。

(4)撰写实验报告。

4. 使用的主要仪器

故障模拟试验台、涡流、速度传感器、信号采集箱、计算机。

5. 实验报告要求

(1)实验报告内容包括计算分析的图、表或数值结果,以及对结果的简要分析、附自编软件与实验数据。

（2）实验报告应独立完成。

6.实验注意事项

（1）开启电源前检查传感器安装、电源线、信号线连接是否正确。

（2）传感器布置路径合理,线路粘贴牢固,防止运行过程中线缠绕上转轴。

（3）实验过程中一定要放下防护罩后再开启试验台。

（4）更换故障套件时一定要断开电源再对试验台进行拆卸。

（5）更换故障齿轮及软件时按照第 4 章的相关内容进行。

（6）实验完成后,关闭仪器的电源、清洁好实验台。

图 5.3 为正常齿轮振动信号,可以看出正常信号时域波形总体平稳,信号较为复杂,时域上有效值为 1.07 m/s²,峰峰值为 9.62 m/s²,峭度为 0.6。频域上表现出明显的边频带特征。

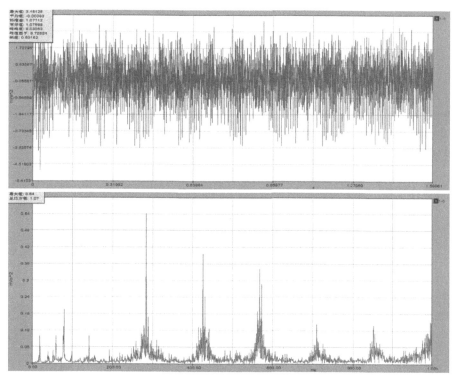

图 5.3　正常齿轮振动信号时域及频域图

图 5.4 为在试验台上用压电加速度传感器采集的典型齿轮不同运行状态的振动信号时域及频域波形,从图中可以看出时域信号总体平稳,有较大的周期冲击信号,时域上有效值为1.38 m/s²,峰峰值 20.54 m/s²,峭度为 11.67,从时域波形中可以看出信号幅值大,峭度指标大,说明有明显的冲击成分故障,和实际相符。频谱较复杂,应该包含边频带特征,但是噪声较大。

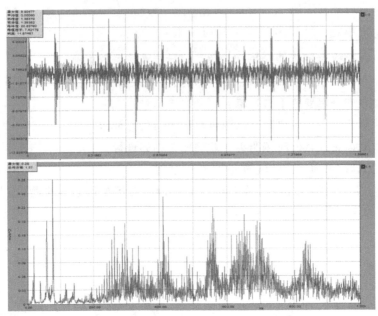

图 5.4　齿轮断齿振动信号时域及频域图

图 5.5 为齿轮均匀磨损振动信号,从图中可以看出时域信号总体平稳,时域上有效值为 1.68 m/s²,峰峰值 14.93 m/s²,峭度为 0.717,振动幅值有显著提高,峭度指标不大。频谱边频带较明显,但是噪声较大。

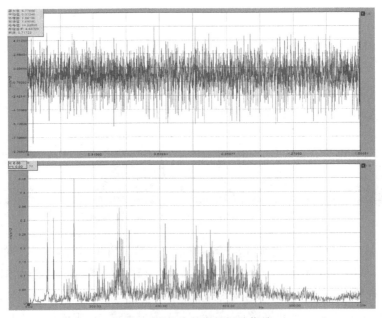

图 5.5　齿轮均匀磨损振动信号

从以上三个典型故障信号初步分析可以看出,对于较为明显的故障,从时域信号进行相关指标统计上可以较为容易地判断齿轮系统存在较大故障,但是对于磨损或者较为微弱的故障,由于设备的复杂度振动噪声较大,单从实验原始信号来分析就相对不充分,需要对原始信号进行进一步消噪及特征提取等信号处理,这对初学者来说具有一定的难度,对于教学来说也是一个难点,在一定程度上影响了教学效果。

为了改善这一教学痛点,可以借助计算机仿真技术,基于图形化编程语言来对齿轮故障诊断相关知识理论进行直观地演示,对故障信号进行高程度模拟仿真,以及对实际信号进行处理与分析。可以通过友好的人机界面设置,提供仿真程度较高的虚拟现实演示环境,生动准确地展示齿轮的各类典型故障信号及如何分析处理,以便加深学生对相关知识的理解,这样可以较好地提高学习效果。

5.5　齿轮系统故障诊断虚拟仿真系统

为了提高机械系统故障诊断课程教学质量,课程组借助 LabVIEW 软件开发了一套齿轮系统故障诊断虚拟仿真系统。LabVIEW 软件为图形化编程,易于操作,提供较为美观的界面设计,LabVIEW 也具有强大的信号分析与处理功能,同时可以与 MATLAB 等软件较好地对接,作为一款开源的编程软件其可以提供较好的二次开发接口。

该系统提供仿真程度较高的演示环境,生动准确地展示了齿轮箱的各类典型故障信号及如何对故障信号分析处理,可以方便教师在理论课教学时对相关知识、信号处理方法进行讲解,同时可以让同学们在实物实验前进行虚拟仿真实验,直观理解齿轮系统故障诊断的相关方法和信号处理技能,为实物实验做准备,同时可以对实验数据进行分析处理,提高教学效率及教学质量。

5.5.1　系统总体设计

软件由登录模块、帮助文档和故障诊断三大子模块构成,其中登录模块包括登录界面和欢迎界面两个部分;帮助文档包括:处理方法、常见故障、啮合模型;分析处理包括齿轮折断、齿轮磨损、实测信号三个子模块。系统总结构框图如图 5.6 所示。

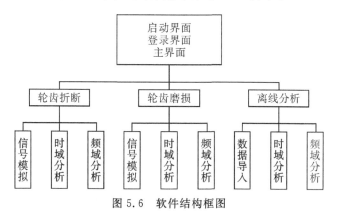

图 5.6　软件结构框图

系统主界面如图 5.7 所示,该界面概要介绍了齿轮振动时域信号的常用处理方法。常见故障模块采用图文动画形式总结归纳了齿轮常见的磨损、断齿、齿形误差等典型振动信号时域及频域特征,供使用者进行学习。

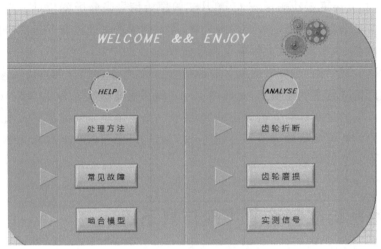

图 5.7   系统主界面

5.5.2   齿轮故障仿真

1. 齿轮磨损故障仿真

齿轮磨损模块可以对仿真信号进行时域分析和频域分析,如图 5.8 所示。本模块根据输入相关参数模拟出仿真信号,可以了解典型齿轮磨损的时域信号及对时域信号进行典型的数据处理,数据处理流程如下:产生仿真信号—EMD 处理—时域波形分析(计算脉冲指标、峭度指标、裕度指标、峰值指标等)—频域波形(倒频谱等)。

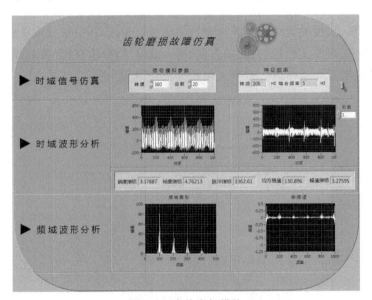

图 5.8   齿轮磨损模块

2. 齿轮折断故障仿真

齿轮折断模块可以根据输入相关参数模拟典型齿轮折断故障的时域信号,如图 5.9 所示,并可对仿真信号进行时域分析和频域分析,信号分析流程:产生仿真信号—EMD 处理—时域波形分析(计算脉冲指标、峭度指标、裕度指标、峰值指标等)—频域波形(倒频谱等)。

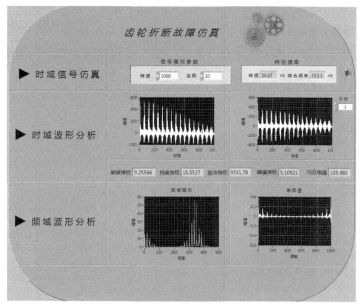

图 5.9　齿轮折断模块

3. 信号处理模块

为了让仿真实验和实物实验对应起来,方便学生对齿轮故障进行更深入地学习,本系统设计了信号处理模块,可以对实测信号进行时域分析和频域分析,如图 5.10 所示。分析流程如下:导入实测信号—EMD 处理—时域波形分析(计算脉冲指标、峭度指标、裕度指标、峰值指标等)—频域波形(倒频谱等)。

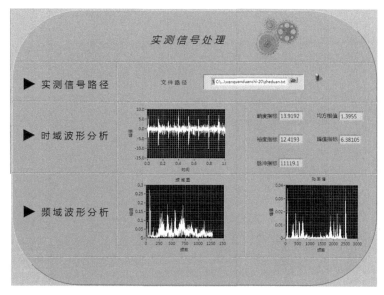

图 5.10　信号处理模块

　　该系统对齿轮箱若干典型故障的分析及处理过程进行了示教演示,向学生们展示了如何采用故障诊断技术对齿轮及齿轮箱进行状态监测与故障诊断,从而让学生深刻认识到齿轮箱由事后维修、定期维修到视情维修这一重大转变所带来的深远影响。系统提供了仿真程度较高的演示环境,生动准确地展示了齿轮箱的各类典型故障信号及如何分析处理,让初学者可以在理论学习过程中及实际实验前直观理解齿轮箱故障诊断的基本思路及故障特征原理等,为实物实验及工程实验提供知识和技能训练。

航空高速轴承故障智能定量诊断

第6章

航空发动机被誉为工业皇冠上的明珠,是飞机的"心脏"。随着航空发动机技术的发展,其工况愈加恶劣,每个转子的平均工作转速都在 8000 r/min 以上,小型航空发动机可达 20000~30000 r/min,这使得航空发动机主轴承服役在极端高速工况下,其 DN 值[轴承内径(mm)×轴承转速(r/min)]超过了 10^6(mm·r)/min,是典型的大 DN 值。高速非平稳工况改变了轴承内外圈的应力分布、滚动体的循环形变和材料的疲劳周期,同时高速工况间接地提高了轴承的工作温度,降低了润滑油的黏度,减少了有效油膜层的厚度,增加了轴承元件之间的游隙,诱发了新的故障模式和振动响应,高速、高温、重载、强扰动等极端恶劣环境导致其关键零部件如主轴承发生故障风险提高,一旦发生故障将会导致重大灾难性事故的发生[135-136]。

航空发动机结构复杂,发动机振动测点少且传感器通常安装在距离轴承较远的承力机匣上,故障特征信号不但受复杂传递路径影响,而且在机匣空腔内多次反射后叠加产生混响效应,使得其故障特征产生较大的变异,同时受流体动力干扰和转子振动、附件齿轮传动系统振动和故障信号相互耦合,故障特征信号呈现微弱性、非平稳性和多源耦合性,大 DN 值主轴轴承故障动态响应表现为典型的时域波形混叠变异性[237],使得航空高速轴承理论的计算特征和实际工程的故障特征存在较大差距;另外航空发动机的中介轴承运行工况极其特殊,内圈联接在低压转子上,外圈联接在高压转子上,内外圈同向或者反向旋转,因此中介轴承的故障特征频率计算不满足经典轴承动力学外圈固定的模型假设。上述几个方面的差异性挑战了经典的以信号处理、特征提取为手段的轴承诊断方法的诊断原理及其有效前提,使得航空发动机轴承故障诊断极为困难。

支持向量机作为一种优良的机器学习智能诊断方法,避免了复杂的信号处理过程,采用机器学习的方式,主动地学习不同故障信号内在的信息,算法结构简单、稳定、计算方便,是解决大 DN 值航空轴承故障定量智能诊断的有效方法。

6.1 大 DN 值轴承动态响应特性分析

大 DN 值轴承由于运行转速高,滚动体的离心力大,保持架稳定性变差,因此高速轴承的动力学特性较低速轴承更为复杂,本节在经典动力学理论的框架下,分析转速变化对轴承动态响应的影响,揭示其时域混叠效应和频谱冲击信息频带弥散现象。

从经典动力学理论可知,无论何种故障形式,滚动体每经过局部损伤会激发冲击力,冲击力是一个宽频信号,会激发轴承系统的振动。由于轴承的薄壁特性,可以把轴承简化成一个单自由度系统,在单位脉冲力的作用下,系统的振动响应如式(6-1)所示。

$$r(t) = ae^{-2\pi\frac{\zeta}{\sqrt{1-\zeta^2}}f_d t}\sin 2\pi f_d t + \varphi = ae^{-D_p t}\sin 2\pi f_d t + \varphi \tag{6-1}$$

式中,a 为脉冲幅值;ζ 为阻尼比;f_d 为固有频率;D_p 为衰减系数。

从公式中可以看出其响应是衰减的简谐振动,频率为 f_d ,衰减系数 D_p 决定了振幅衰减的快慢。单位冲击响应能量集中在一定频带内,形状如山峰,频带的中心为系统固有频率,带宽由系统的阻尼比和固有频率决定。

转速恒定时,轴承的局部损伤点产生周期性的脉冲力,考虑轴承的接触载荷分布函数 $q(t)$,该激振力描述如下:

$$F(t) = \sum_{i=1}^{K} q(t)\delta\left(t - \frac{i}{f_c}\right) \tag{6-2}$$

式中,δ 为脉冲函数;f_c 为冲击力序列的频率。该激振力的频域响应为

$$F(f) = \sum_{i=1}^{K} b_i\delta(f - if_c) \tag{6-3}$$

式中,b_i 为谱线 if_c 的幅值,故障频率即谱线间隔。系统的动态响应为激振力 $F(t)$ 和冲击响应 $r(t)$ 的卷积和:

$$x(t) = F(t) * r(t) = \sum_{i=1}^{K} a_i rt - \frac{i}{f_c} - \tau_k + \varphi \tag{6-4}$$

式中,τ_k 为随机滑动因子。

由卷积定理可知,系统动态响应的频谱为激振力序列的频谱 $F(f)$ 和系统冲击响应的频谱 $r(f)$ 的乘积,即轴承局部故障的动态响应在时域上是由一系列振荡衰减冲击信号组成,在频域内由间隔为故障特征频率的系列谱线组成,共振区内幅值被放大。

冲击响应信号的衰减期取决于系统的固有频率和阻尼比,也就是说特定轴承冲击信号的衰减期是一定的,而轴承的故障特征频率和转速成正比关系,随着轴承转速的升高,冲击信号的时间间隔减小,当冲击信号间隔小于响应信号衰减期时,冲击信号会出现混叠现象,转速越高,混叠越严重。

6.2 冲击混叠仿真实验

为了更清楚地说明冲击混叠现象下传统故障诊断方法的局限性,本节进行了冲击混叠仿真实验。

构造纯冲击信号,其形式为

$$\boldsymbol{h}(t) = e^{-2\xi\pi f_n t}\sin\left(2\pi f_n\sqrt{1-\xi^2}\,t\right)$$
$$\boldsymbol{x}(t) = \sum_k a_k\boldsymbol{h}(t - kT - \tau_k) \tag{6-5}$$

式中,阻尼 $\zeta=0.05$,幅值 $a_k=1.5$,共振频率 $f_n=2500$,采样频率为 50 k。T 代表着轴承故障特征,当 $T=1/100$ 时,模拟冲击信号没有混叠,当 $T=1/1471$ 时,模拟冲击信号发生混叠现象。

(1)$T = 1/100$ 时，其时域图如图 6.1 所示。

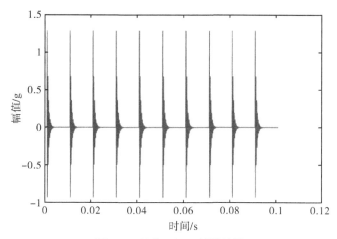

图 6.1　T 为 1/100 时域波形

对信号进行频域变换及包络谱分析，如图 6.2、图 6.3 所示。

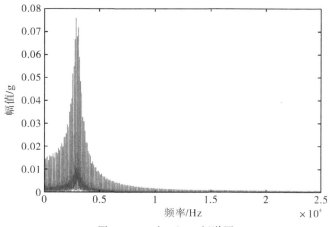

图 6.2　T 为 1/100 频谱图

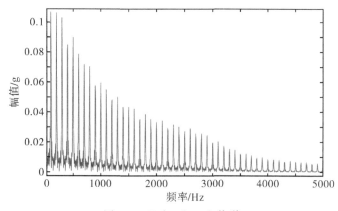

图 6.3　T 为 1/100 包络谱

从仿真实验可以看出,当不出现冲击混叠时,频谱图中呈现以共振频率为中心频率,故障特征频率为边频带的共振峰,包络谱中的故障特征频率很准确并且各阶故障特征频率衰减比较慢,符合经典动力学理论下轴承的故障诊断原理。

(2)$T=1/1471$ 时,其时域图如图 6.4 所示。对信号进行频域变换结果如图 6.5 所示,对信号进行包络谱分析,如图 6.6 所示。

从实验结果可以看出当出现冲击混叠时,时域中呈现类似正弦波的形态,频域中的共振峰消失,并且各阶故障特征频率迅速衰减,该现象已经不符合经典动力学下轴承故障诊断的理论基础,所以针对传统轴承故障诊断的小波分析,包络分析均失效,需要探索新的故障诊断方法,以实现大 DN 值轴承故障有效的诊断。

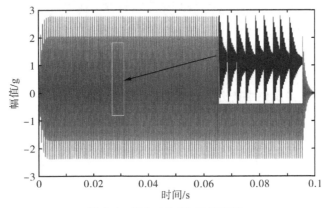

图 6.4　T 为 1/1471 时域波形

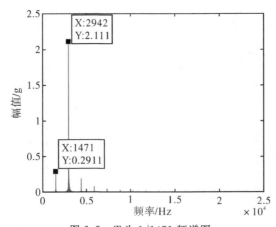

图 6.5　T 为 1/1471 频谱图

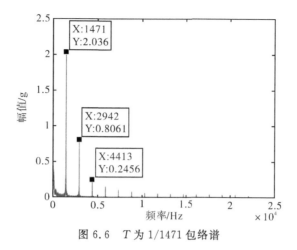

图 6.6　T 为 1/1471 包络谱

6.3　大 DN 值航空轴承早期微弱故障实验

6.3.1　实验简介

　　试验内容为在某型号航空高速轴承上预置不同位置、不同程度的轴承剥落损伤,然后在轴承试验台上运行带故障的轴承,使用 ICP 加速度传感器、数据采集器、电脑等设备采集对应信号,以达到 $0.7\ mm^2$ 的微小剥落损伤能准确检测出来的项目目标。图 6.7 为实验方案框图。

　　试验共使用了 3 个轴承,轴承参数见表 6.1。每个轴承通过研磨机预置一个部位的故障,分别为内圈、外圈、滚动体,每个部位预置三种不同大小的故障,面积分别是 $0.5\ mm^2$、$0.7\ mm^2$、$1.0\ mm^2$,深度 $0.1\ mm$、$0.2\ mm$、$0.3\ mm$,同一个部位不同程度的故障预置方法为在原有故障面积上进行扩展,以保证实验轴承除了故障程度不一样外其他条件和环境完全一致性,各故障参数如表 6.2 所示,实际故障照片如图 6.8 所示。

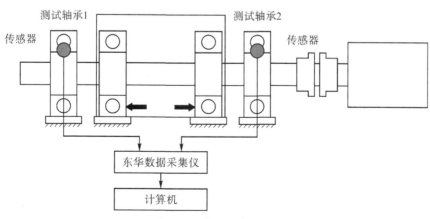

图 6.7　实验方案框图

表 6.1　轴承参数

轴承类型	内径/mm	外径/mm	厚度/mm	滚子个数	滚动体直径/mm	接触角/°
三点角接触球轴承	46	73.7	46.2	15	9.525	35

表 6.2　故障参数

编号	0	1	2	3	4	5	6	7	8	9	10	11
故障位置	内圈	内圈	内圈	内圈	滚珠	滚珠	滚珠	滚珠	外圈	外圈	外圈	外圈
剥落面积/mm²	0	0.5	0.7	1.0	0	0.5	0.7	1.0	0	0.5	0.7	1.0
剥落直径/mm	0	0.798	0.944	1.128	0	0.798	0.944	1.128	0	0.798	0.944	1.128

（a）内圈故障

（b）滚动体故障

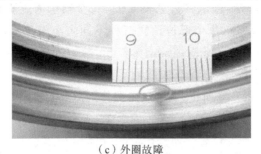
（c）外圈故障

图 6.8　实际故障照片

　　轴承试验机由转子轴承系统、驱动装置、液压加载系统、润滑系统、控制系统等部分组成,其中实验机主体结构简图及振动传感器布置如图 6.9 所示。试验机通过高速电主轴驱动,转子轴承系统为两端简支结构,包含 4 个尺寸相同的轴承,其中 1# 轴承为测试轴承,2# 和 3# 轴承为支撑轴承,4# 轴承为陪试轴承。

　　实验运行过程中,转速为 3000～30000 r/min,轴承径向加载 350 N,轴向加载 1000 N,润滑油流量为 2～2.2 L/min,润滑油为 4050 航空润滑油。分别在 1# 测试轴承和 4# 陪试轴承的轴承座上布置四个振动传感器,传感器使用奇石乐 8720A500 加速度传感器,传感器量程为±500 g,灵敏度为 10.3 mV/g,试验台示意图及传感器位置如图 6.9 所示,试验台实物图如图 6.10 所示,振动信号利用东华 8300 数据采集仪记录,采样频率为 50 kHz。

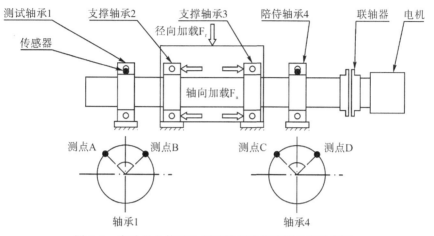

图 6.9　实验机主体结构简图及振动传感器布置示意图

图 6.10　试验台实物图

实验工况如表 6.3 所示,各工况转换时间为 30 s。

表 6.3　实验工况

序号	转速/ r·min⁻¹	轴向负载 /N	径向负载 /N	滑油供油 温度/℃	滑油流量 /L·min⁻¹	运转时间 /s
1	3000	1000	350	40±5	2～2.2	30
2	5000	1000	350	40±5	2～2.2	30
3	8000	1000	350	40±5	2～2.2	30
4	12000	1000	350	40±5	2～2.2	30
5	18000	1000	350	40±5	2～2.2	30
6	25000	1000	350	40±5	2～2.2	30
7	30000	1000	350	40±5	2～2.2	30
8	20000	1000	350	40±5	2～2.2	30
9	12000	1000	350	40±5	2～2.2	30
10	3000	1000	350	40±5	2～2.2	30

6.3.2　实验数据分析

完成实验后对数据进行了整体初步分析,首先本次实验在最高转速 30000 r/min 时,轴承的 DN 值高达 1.35×10^6 mm·r·min⁻¹,已经是典型的大 DN 值高速轴承。图 6.11 为内圈 0.5 mm² 的全工况数据总览图。

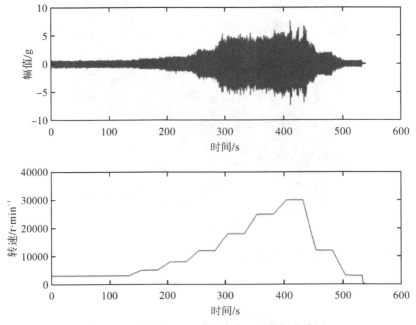

图 6.11　内圈 0.5 mm² 故障全工况数据总览图

从实验总体运行工况图中可以看到实验运行于不同的转速工况,在时频图中可以明显地看到工况的阶梯图,说明数据整体准确可靠。

首先尝试用常用的包络谱分析对各稳速阶段数据进行分析,各稳工况下轴承故障特征频率见表 6.4,从表中可以看到,转速超过 12000 r/min 时,故障特征频率就高达 2000 Hz 以上,时域信号已经发生混叠现象,这对于传统故障特征提取方法提出巨大挑战。

表 6.4 各稳工况下轴承故障特征频率

转速/(r · min^{-1})	保持架/Hz	外圈/Hz	内圈/Hz	滚动体/Hz
3000	21.77	326.56	423.44	155.88
5000	36.28	544.26	705.74	259.81
8000	58.05	870.82	1129.2	415.69
12000	87.08	1306.2	1693.8	623.54
18000	130.62	1959.3	2540.7	935.31
25000	181.42	2721.3	3528.7	1299.0
30000	217.71	3265.5	4234.4	1558.8

1. 包络谱分析

首先对外圈各稳速工况下的数据进行了包络谱分析,各转速下的包络谱见图 6.12。从各个转速下外圈故障信号包络谱中可以看到在 3000 r/min 时信号包络谱中有 326.8 Hz 的故障特征频率,5000 r/min 的时候信号包络谱中有 545.2 Hz 的故障特征频率及其二倍频,8000 r/min 时有 866.5 Hz 的故障特征频率,即低速下在信号没有发生混叠变异时可以在包络谱中找到较为明显的故障特征频率。但是在 12000 r/min 以上的转速下,在包络谱中几乎找不到明显的故障特征频率,勉强相近的故障特征频率成分也几乎和噪声信号一个级别,到了 30000 r/min 时只有转频的一倍频与二倍频,已经没有理论上的故障特征频率了,以上结果和上节的理论仿真分析一致,说明在大 DN 值时轴承故障信号发生混叠变异,对传统的轴承故障诊断方法提出了挑战。

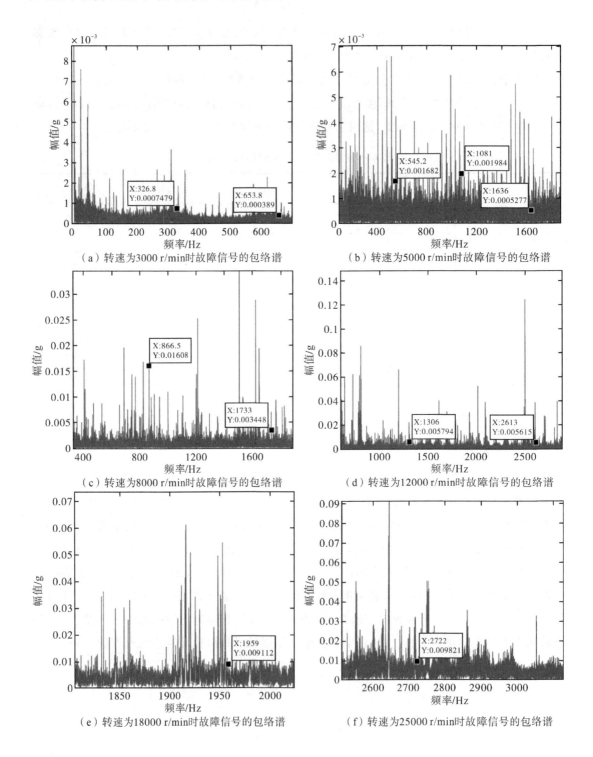

（a）转速为3000 r/min时故障信号的包络谱

（b）转速为5000 r/min时故障信号的包络谱

（c）转速为8000 r/min时故障信号的包络谱

（d）转速为12000 r/min时故障信号的包络谱

（e）转速为18000 r/min时故障信号的包络谱

（f）转速为25000 r/min时故障信号的包络谱

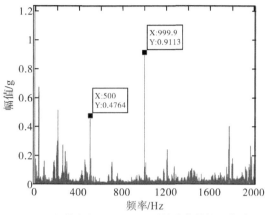

（g）转速为30000 r/min时故障信号的包络谱

图 6.12　外圈各转速下的包络谱

2. 二代小波分解信号处理实验

小波变换通过基函数在尺度上的伸缩和时域上的平移来分析信号，是一种时间—尺度分析。选择合适的基函数，可以使时间尺度和频率尺度同时具有较好的局部性，所以，小波变换可以根据基函数的中心频率的高低改变时频分辨率，而其品质因数保持不变。本书使用二代小波对内圈 0.7 mm² 故障各稳速工况下的数据进行了处理分析，根据轴承故障冲击形式，选取二代小波的预测器系数与更新器系数均为 18，进行了 3 层小波包分解得到共 8 个频带信号，选择各个转速下振动信号的故障敏感频带进行包络解调分析，如图 6.13 所示。

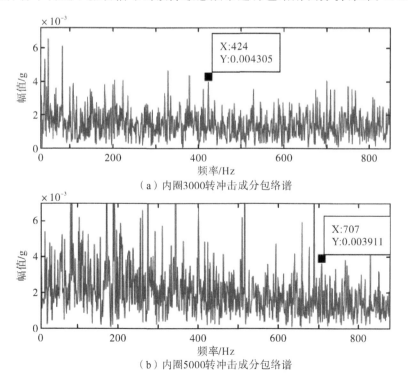

（a）内圈3000转冲击成分包络谱

（b）内圈5000转冲击成分包络谱

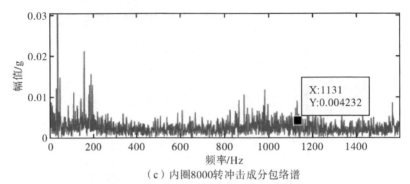

（c）内圈8000转冲击成分包络谱

图6.13　不同转速下冲击成分的包络谱

从图6.13可以看到，当转速为3000 r/min时，内圈故障特征为423.4 Hz，在冲击成分包络谱中可以看到在424 Hz处有较为明显的信号，与故障特征频率误差约为0.14%；当转速为5000 r/min时，在冲击成分的包络谱中可以找到707 Hz的故障特征信号，但不是很明显；当转速达到8000 r/min时，冲击成分包络谱在1000 Hz以上衰减严重，几乎找不到特征频率，由此可以看出小波分解的方法对于大DN值高速轴承故障诊断失效。

通过以上仿真及实验分析，可以知道冲击混叠现象不满足经典轴承故障动力学理论，传统提取故障特征信号的方法在大DN值航空轴承诊断基本失效。为此，可以尝试用机器学习的方法进行故障诊断，支持向量机（简称SVM）以其基于统计学习理论的特点，非常适合故障诊断这种典型的小样本问题，支持向量机不需要计算准确的故障特征频率，从智能学习的角度学习信号的内在特征，形成不同的分类器，然后对未知样本进行分类，更容易实现大DN值航空轴承智能故障诊断方法。

6.4　支持向量机智能定量诊断实验

统计学是一门很古老的科学，其学理研究始于古希腊的亚里士多德时代，迄今已有两千三百多年的历史。统计学是通过分析、描述数据等，推断被测对象本质的一门综合性科学，统计学用到了大量数学、物理等学科的专业知识，在社会科学和自然科学中都有广泛的应用。

在传统统计学理论中，采用趋于无穷大的经验样本来估计参数值，是在缺乏理论物理模型时最常用的分析手段，但是在实际应用中，尤其是机械装备故障诊断领域，获取真实的样本有限，远远达不到传统统计学的要求，所以样本趋于无穷大时的渐进理论为前提的传统统计学理论很难在机械装备故障诊断领域取得理想的效果。

为了弥补了传统统计学理论的不足，美国AT&T贝尔实验室的Vladimir N Vapnik在20世纪60年代提出统计学习理论（Statistical Learning Theory），经过多年的研究和发展，该理论已经成为小样本数据的统计规律和学习方法的重要理论。该理论充分考虑了有限样本的本质特征，其统计推理考虑了对渐进性能的要求，同时寻取在小样本条件下的全局最优解[137]，因此统计学习理论比传统统计学理论具有更好的实用性，受到世界机器学习界广泛重视。

万普尼克等人在严密的统计学习理论框架下发展出了支持向量机(Support Vector Machine,SVM)方法,支持向量机以最优分类器算法为基础,以结构风险最小化为原则,不仅具有良好的数学性质,在解决小样本分类问题上有很好的优势,其基本思想是先用已知的训练样本求出支持向量,进而确定最佳超平面,然后用于未知样本的分类,对于线性不可分样本,支持向量机采用核函数,通过非线性映射把样本空间映射到高维的特征空间,解决样本空间中的高度非线性分类与回归问题。支持向量机借助于核函数与最优化方法对于小样本、非线性、高维数和局部极小点等传统统计学的难题可以较为完善地解决,是近几十年来机器学习、模式识别、数据挖掘界最有影响力的成果之一。

支持向量机以统计学习理论为基础,以结构风险最小化为原则,设计兼顾经验风险和置信范围的学习机器,能更好地适应小样本情况,求解算法通过对偶理论将其转化为一个二次寻优问题,从而确保得到小样本下的全局最优解;支持向量机巧妙地运用核函数通过在高维空间构造简易的线性判别函数替代原始空间中的非线性判别函数,绕过了样本维数,克服了传统维数灾难问题,同时支持向量机所获得的机器复杂度取决于支持向量的个数,避免了"过学习"现象。因此支持向量机集成了最大间隔超平面、Mercer 核、凸二次规划、稀疏解和松弛变量等多项技术,在机器学习、模式识别等领域具有显著优点。

6.4.1 支持向量机基本理论

统计学习理论的关键问题是构造结构风险最小化原则的学习机器,支持向量机(SVM)正是实现结构风险最小化原则的有力工具,其基本思想是通过固定经验风险值而使置信范围最小化来实现结构风险最小化原则[138]。其基本理论如下:

一个内积空间中的任何一个超平面都可以表示为

$$\{(\boldsymbol{\omega} \cdot \boldsymbol{x}) + b = 0 \mid \boldsymbol{x} \in H, \boldsymbol{\omega} \in H, b \in R\} \qquad (6-6)$$

式中,$\boldsymbol{\omega}$ 为垂直于超平面的向量;$\boldsymbol{x}$ 为训练样本向量;H 是谢尔伯特空间;R 是实数空间。

从式(6-6)可以看出,特定的超平面可以用不同的参数来表示,因为对参数 $\boldsymbol{\omega}, b$ 同时乘以任意的非零常数,都可以表示超平面 (ω, b),为此,引入了规范超平面:

$$\{(\boldsymbol{\omega} \cdot \boldsymbol{x}) + b = 0 \mid \boldsymbol{x} \in H, (\boldsymbol{\omega}, b) \in H \times R\} \qquad (6-7)$$

称为关于点 $\boldsymbol{x}_1, \boldsymbol{x}_2, \cdots, \boldsymbol{x}_l \in H$ 的规范超平面,如果它满足式(6-8):

$$\min_{i=1,\cdots,l} \left| (\boldsymbol{\omega} \cdot \boldsymbol{x}_i) + b \right| = 1 \qquad (6-8)$$

则这个规范超平面最近的点和它之间的距离为 $\dfrac{1}{\|\boldsymbol{\omega}\|}$,超平面 $(\boldsymbol{\omega}, b)$ 和 $(-\boldsymbol{\omega}, -b)$ 均满足规范超平面的条件,对于样本 $\boldsymbol{x}_i$ 需要标记类别标号 $y_i \in \{+1, -1\}$ 即可区分两个超平面。

对于一个超平面 $(\boldsymbol{\omega}, b)$,定义:

$$\rho_{(\boldsymbol{\omega}, b)}(\boldsymbol{x}, y) = \frac{y((\boldsymbol{\omega} \cdot \boldsymbol{x}) + b)}{\|\boldsymbol{\omega}\|} \qquad (6-9)$$

为点 $(\boldsymbol{x}, y) \in H \times \{\pm 1\}$ 的几何间隔;定义式(6-10):

$$\rho_{(\boldsymbol{\omega},b)} = \min_{i=1,\cdots,l} \rho_{(\boldsymbol{\omega},b)}(\boldsymbol{x}_i, y_i) \qquad (6-10)$$

为关于训练集 $S = \{(\boldsymbol{x}_i, y_i) \mid \boldsymbol{x}_i \in H, y_i \in \{\pm 1\}, i = 1, \cdots, l\}$ 的几何间隔。

一个点 $(\boldsymbol{x}, y)$ 的间隔就是 $\boldsymbol{x}$ 到超平面的距离,当该点在超平面上时其间隔为零。该点不在超平面上时,其间隔可以写成:

$$y((\bar{\boldsymbol{\omega}} \cdot \boldsymbol{x}) + \bar{b}) \qquad (6-11)$$

式中,$\bar{\boldsymbol{\omega}} = \dfrac{\boldsymbol{\omega}}{\|\boldsymbol{\omega}\|}$,$\bar{b} = \dfrac{b}{\|b\|}$,权向量 $\bar{\boldsymbol{\omega}}$ 为单位向量。

1. 线性支持向量机

支持向量机最早是解决线性可分的二分类机器学习方法,基本思想可以用图 6.14 来简单表示,图中有两类数据样本,分别以星形和方形表示,中间的粗实线即为最优分类超平面,平行于最优分类超平面上下的两条虚线为穿过距离分类超平面最近样本的线,粗实线和虚线之间的距离即为分类间隔,虚线穿过的星和正方形样本就是支持向量。最优分类超平面要求分类超平面在将两类正确分开的前提下分类间隔最大化[139]。对超平面进行标准化,对线性可分的数据集,满足式(6-12):

$$y_i((\boldsymbol{\omega} \cdot \boldsymbol{x}_i) + b) \geqslant 1, \quad i = 1, 2, \cdots, l \qquad (6-12)$$

此时分类间隔为 $\dfrac{2}{\|\boldsymbol{\omega}\|}$,间隔最大等价 $\dfrac{2}{\|\boldsymbol{\omega}\|}$ 最小。

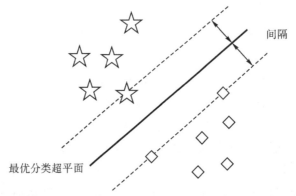

图 6.14　以最大间隔将数据分开的最优分类超平面

支持向量机的核心思想之一就是使分类间隔最大,保证了算法的泛化能力。对于二分类问题,定义 VC 维为将训练数据正确分开最大数量的函数集,一个规范超平面构成的指示函数集为

$$h(\boldsymbol{x}) = \mathrm{sgn}[(\boldsymbol{\omega} \cdot \boldsymbol{x}) + b] \qquad (6-13)$$

则规范超平面的 VC 维 h 满足

$$h \leqslant \min([R^2 A^2], n) + 1 \qquad (6-14)$$

式中,$\mathrm{sgn}[\cdot]$ 为符号函数;R 为超球半径;n 为向量维数;$\|\boldsymbol{\omega}\| \leqslant A$。

支持向量机结构风险最小化原则的出发点就是最小化 $\|\boldsymbol{\omega}\|$,降低 VC 维,固定经验风险,使 $\|\boldsymbol{\omega}\|$ 最小。

为此,线性可分条件下最优超平面求解就转化为式(6-15)的二次规划问题:

$$\begin{cases} \min \quad \varPhi(\boldsymbol{\omega}) = \dfrac{1}{2}(\boldsymbol{\omega} \cdot \boldsymbol{\omega}) \\ \text{s. t.} \quad y_i((\boldsymbol{\omega} \cdot \boldsymbol{x}_i) + b) \geqslant 1, i = 1, 2, \cdots, l \end{cases} \tag{6-15}$$

拉格朗日函数的鞍点即为上式的最优解：

$$L(\boldsymbol{\omega}, \boldsymbol{\alpha}, b) = \frac{1}{2}(\boldsymbol{\omega} \cdot \boldsymbol{\omega}) - \sum_{i=1}^{l} \alpha_i [y_i((\boldsymbol{\omega} \cdot \boldsymbol{x}_i) + b) - 1] \tag{6-16}$$

式中，$\alpha_i \geqslant 0$ 且为拉格朗日乘数。

鉴于 $\boldsymbol{\omega}$ 和 b 在鞍点处的梯度为零，因此：

$$\frac{\partial L}{\partial \boldsymbol{\omega}} = \boldsymbol{\omega} - \sum_{i=1}^{l} \alpha_i y_i \boldsymbol{x}_i = 0 \Rightarrow \boldsymbol{\omega} = \sum_{i=1}^{l} \alpha_i y_i \boldsymbol{x}_i \tag{6-17}$$

$$\frac{\partial L}{\partial b} = \sum_{i=1}^{l} \alpha_i y = 0 \Rightarrow \sum_{i=1}^{l} \alpha_i y_i = 0 \tag{6-18}$$

根据 Karush-Kuhn-Tucker(KKT)定理，最优解还应满足：

$$\alpha_i (y_i(\boldsymbol{\omega} \cdot \boldsymbol{x}_i + b) - 1) = 0, \ \forall i \tag{6-19}$$

式(6-19)中，系数 α_i 不为零，为此 $\boldsymbol{\omega}$ 表示为

$$\boldsymbol{\omega} = \sum_{SV} \alpha_i y_i \boldsymbol{x}_i \tag{6-20}$$

把上面几个公式整合，最优超平面的求解问题就转化为一个对偶二次规划问题：

$$\begin{cases} \max W(\boldsymbol{\alpha}) = \sum_{i=1}^{l} \alpha_i - \dfrac{1}{2} \sum_{i,j} \alpha_i \alpha_j y_i y_j (\boldsymbol{x}_i \cdot \boldsymbol{x}_j) \\ \text{s. t.} \quad \sum_{i=1}^{l} \alpha_i y_i = 0, \alpha_i \geqslant 0, i = 1, 2, \cdots, l \end{cases} \tag{6-21}$$

如果 $\boldsymbol{\alpha}^*$ 为式(6-21)的一个解，则

$$(\boldsymbol{\omega} \cdot \boldsymbol{\omega}) = \sum_{SV} \alpha_i \alpha_j y_i y_j (\boldsymbol{x}_i \cdot \boldsymbol{x}_j) \tag{6-22}$$

选择非零的 α_i，代入式(1-14)中即可求解出 b，对于任一数据样本 $\boldsymbol{x}$，只需计算式(6-23)就可以判断 $\boldsymbol{x}$ 的类别。

$$f(\boldsymbol{x}) = \text{sgn}[(\boldsymbol{\omega} \cdot \boldsymbol{x}) + b] \tag{6-23}$$

但是实际数据样本并不严格是线性可分，训练样本中出现"奇异点"，会对分类超平面求解带来麻烦，为了避免该情况，在求解中增加一个松弛项 $\xi_i \geqslant 0$，将约束改为

$$y_i(\boldsymbol{\omega} \cdot \boldsymbol{x}_i + b) \geqslant 1 - \xi_i, \xi_i \geqslant 0, i = 1, 2, \cdots, l \tag{6-24}$$

此时目标函数变为

$$\varPhi(\boldsymbol{\omega}, \boldsymbol{\xi}) = \frac{1}{2}(\boldsymbol{\omega} \cdot \boldsymbol{\omega}) + C \sum_{i=1}^{l} \xi_i \tag{6-25}$$

式中，C 被称为惩罚因子，是调节式(6-25)中 $\frac{1}{2}(\boldsymbol{\omega} \cdot \boldsymbol{\omega})$ 与 $\sum_{i=1}^{l} \xi_i$ 的因子，$\frac{1}{2}(\boldsymbol{\omega} \cdot \boldsymbol{\omega})$ 表征算法复杂度，而 $\sum_{i=1}^{l} \xi_i$ 为经验风险，C 起到了在两者之间进行调节的作用，在实际计算中通过调整 C 可以提高支持向量机的推广性能，为此也称为"软间隔"线性支持向量机。

"软间隔"线性支持向量机数学模型就是下式的最优化问题

$$\begin{cases} \min\Phi(\boldsymbol{\omega}) = \dfrac{1}{2}(\boldsymbol{\omega} \cdot \boldsymbol{\omega}) + C\displaystyle\sum_{i=1}^{l}\xi_i \\ \text{s.t.} \quad y_i((\boldsymbol{\omega} \cdot \boldsymbol{x}_i) + b) \geqslant 1 - \xi_i, \xi_i \geqslant 0, i = 1,2,\cdots,l \end{cases} \tag{6-26}$$

上式最优解为下式拉格朗日函数的鞍点：

$$L(\boldsymbol{\omega},\boldsymbol{\alpha},b) = \frac{1}{2}(\boldsymbol{\omega} \cdot \boldsymbol{\omega}) + C\sum_{i=1}^{l}\xi_i - \sum_{i=1}^{l}\alpha_i\{y_i(\boldsymbol{\omega} \cdot \boldsymbol{x}_i + b) + \xi_i - 1\} - \sum_{i=1}^{l}\beta_i\xi_i \tag{6-27}$$

根据 Karash-Kuhn-Tucker(KKT)定理,最优解满足：

$$\begin{cases} \dfrac{\partial L}{\partial \xi_i} = C - \alpha_i - \beta_i = 0 \\ \alpha_i(y_i(\boldsymbol{\omega} \cdot \boldsymbol{x}_i + b) - 1 + \xi_i) = 0, \ \forall i \\ \alpha_i,\beta_i,\xi_i \geqslant 0, \ \forall i \\ \beta_i,\xi_i = 0, \forall i \end{cases} \tag{6-28}$$

上式可以转化为下面的对偶二次规划：

$$\begin{cases} \max L(\boldsymbol{\alpha}) = \displaystyle\sum_{i=1}^{l}\alpha_i - \frac{1}{2}\sum_{i,j}\alpha_i\alpha_j y_i y_j (\boldsymbol{x}_i \cdot \boldsymbol{x}_j) \\ \text{s.t.} \quad \displaystyle\sum_{i=1}^{l}\alpha_i y_i = 0, 0 \leqslant \alpha_i \leqslant C, i = 1,2,\cdots,l \end{cases} \tag{6-29}$$

决策函数为式(6-23)。

以上就是线性可分支持向量机理论基础及求解过程。

2. 非线性支持向量机

非线性支持向量机采用核函数这一独特手段将输入变量非线性变换到特定高维空间中,在高维空间计算分类超平面,实现原始空间线性不可分数据的分类[140-142]。上节理论推导就是训练样本内积运算 $(\boldsymbol{x}_i \cdot \boldsymbol{x}_j)$, $i,j = 1,\cdots,l$,根据泛函理论,某一满足 Mercer 条件的函数对应特定变换空间中的内积：

$$K(\boldsymbol{x}_i \cdot \boldsymbol{x}_j), i,j = 1,\cdots,l \tag{6-30}$$

通过非线性映射 $\varphi: R^n \to H$ 将输入变量映射到希尔伯特空间中。定义核函数：

$$K(\boldsymbol{x}_i,\boldsymbol{x}_j) = \varphi(\boldsymbol{x}_i) \cdot \varphi(\boldsymbol{x}_j) \tag{6-31}$$

非线性支持向量机的目标函数就变为

$$W(\boldsymbol{\alpha}) = \sum_{i=1}^{l}\alpha_i - \frac{1}{2}\sum_{i,j}\alpha_i\alpha_j y_i y_j K(\boldsymbol{x}_i \cdot \boldsymbol{x}_j) \tag{6-32}$$

决策函数为

$$f(\boldsymbol{x}) = \text{sgn}\Big[\sum_{i=1}^{l}y_i\alpha_i K(\boldsymbol{x}_i \cdot \boldsymbol{x}) + b\Big] \tag{6-33}$$

非线性支持向量机就是式(6-34)的求解问题：

$$\begin{cases} \min\Phi(\boldsymbol{\omega}) = \dfrac{1}{2}(\boldsymbol{\omega} \cdot \boldsymbol{\omega}) + C\displaystyle\sum_{i=1}^{l}\xi_i \\ \text{s.t.} \quad y_i((\boldsymbol{\omega} \cdot \boldsymbol{x}_i) + b) \geqslant 1 - \xi_i, \xi_i \geqslant 0, i = 1,2,\cdots,l \end{cases} \tag{6-34}$$

进一步转化为下面的对偶二次规划：

$$\begin{cases} \max L(\boldsymbol{\alpha}) = \sum_{i=1}^{l} \alpha_i - \frac{1}{2} \sum_{i,j} \alpha_i \alpha_j y_i y_j K(\boldsymbol{x}_i \cdot \boldsymbol{x}_j) \\ \text{s. t.} \quad \sum_{i=1}^{l} \alpha_i y_i = 0, \ 0 \leqslant \alpha_i \leqslant C, \ i = 1, 2, \cdots, l \end{cases} \tag{6-35}$$

决策函数为

$$f(\boldsymbol{x}) = \text{sgn}\left[\sum_{i=1}^{l} y_i \alpha_i K(\boldsymbol{x}_i \cdot \boldsymbol{x}) + b \right] \tag{6-36}$$

通过在决策函数中选择不同的核函数可以产生不同的支持向量机分类器，具体思路如图 6.15 所示。

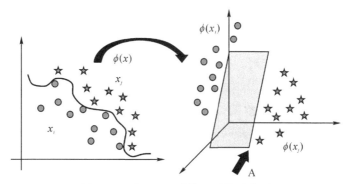

图 6.15　线性不可分情况下的示意图

6.5　自适应多核支持向量机智能诊断方法

支持向量机本质上是一个线性可分的二分类算法，然而实际工程数据往往是非线性可分的，这就需要构造非线性支持向量机，具体做法就是使用核函数，通过核函数可以隐式地定义高维特征空间，通过计算内积在支持向量机中都可以避开原特征空间。只要改变核函数就可以改变学习机器的类型（即逼近函数的类型），支持向量机推广性能的一个关键影响因素就是核函数，通过使用恰当的核函数可以隐式地将训练数据非线性映射到高维空间，寻求高维空间的数据规律[143]。因此，核函数一直是国内外学者研究的热点，但是到目前为止，各种核函数的功能与适用范围并没有得到清楚的证明与明确的约定。克里斯蒂亚尼等人认为需要具有对应用领域的深入洞察能力，并能够度量输入样本之间的相似性才可以确定支持向量机核函数[144]。在众多核函数当中，高斯径向基核函数被公认为是当前国内外使用最为广泛的核函数，斯莫拉等人用数学推导了采用高斯径向基核函数时支持向量机决策函数的导数可以用一个伪微分算子惩罚从而获得一个非常平滑的估计特性，并认为这是采用高斯径向基核函数时支持向量机性能优良的原因之一，并建议在没有有效数据信息时可以优先考虑使用高斯径向基核函数[145]；国内王炜等人认为高斯径向基核函数能适应高维、低维、大样本、小样本等各种情况,具有较宽的收敛域等优点[146];此外,Chen 等人认为指数径向基核函数可以产生分段线性解,适用于不连续的情况[147]。各种核函数性能不同,适用的数据类型也不同,为了使 SVM 分类器达到优良的分类性能,可以考虑兼顾各类核函数对数据的适应性,由人工智能算法实现最优核函数的选择。鉴于此,本章提出基于改进粒子群优化算法的混合核函数支持向量机智能诊断方法,采用混合核函数的构造方法,核函数的优化采用改进粒子群优化算法,样本预处理上采用基于核主成分分析的样本特征提取方法,可以提取样本数据间的高维信息,最后利用仿真实验和轴承-齿轮故障诊断实验验证了所提方法的有效性。

6.5.1 多核函数构造方法

支持向量机理论通过核函数在计算内积时可以隐式地定义高维特征空间,避开原始特征空间,因此构造能反映逼近函数特性的核函数是非常重要的。

核函数需要满足 Mercer 定理。核的 Mercer 条件使得支持向量机的优化问题成为凸问题,保证了最优解是全局解[148-149]。

Mercer 定理:在有限输入空间 X 中,若式(6-37)是半正定的(即特征值非负),$K(x,z)$ 就是核函数,反之也成立。

$$K = (K(x_i, x_j))_{i,j=1}^{n} \tag{6-37}$$

式中,X 为有限输入空间,$K(x,z)$ 是 X 上的对称函数。在希尔伯特空间为每个特征引入权重 λ_i 推广内积,得到:

$$\langle \phi(x) \cdot \phi(z) \rangle = \sum_{i=1}^{\infty} \lambda_i \phi_i(x) \phi_i(z) = K(x,z) \tag{6-38}$$

特征向量变为:

$$\phi(x) = (\phi_1(x), \phi_2(x), \cdots, \phi_n(x), \cdots) \tag{6-39}$$

Mercer 定理给出了连续对称函数 $K(x,z)$ 的表示方式:

$$K(x,z) = \sum_{i=1}^{\infty} \lambda_i \phi_i(x) \phi_i(z) \tag{6-40}$$

式中,λ_i 非负,即 $K(x,z)$ 是特征空间 $F \supseteq \phi(x)$ 中的内积,若 Ψ 是具有 2 次可积函数空间的序列,则 F 是下式序列的 l_2 空间:

$$\Psi = (\Psi_1, \Psi_2, \cdots, \Psi_i, \cdots) \tag{6-41}$$

式中,$\sum_{i=1}^{\infty} \lambda_i \Psi_i^2 < \infty$。

在特征向量定义的空间,支持向量机的决策函数表示为

$$f(x) = \sum_{j=1}^{n} \alpha_j y_j K(x, x_j) + b \tag{6-42}$$

即某空间的随机两点,如果函数 $K(x,z)$ 对所有的训练样本,式(6-30)是正定矩阵,则函数 $K(x,z)$ 即为核函数。

常用的单核函数有线性核函数,多项式核函数,径向基核函数(RBF)等。

1. 线性核函数

线性核核函数计算简单,适用于线性可分数据的处理,见下式。

$$K(x_i, x_j) = x_i \times x_j \tag{6-43}$$

2. 多项式核函数

多项式核函数对于提取样本的全局特征效果较好,推广能力强,属于全局核函数,但是对样本的局部特征不敏感。

$$K(\boldsymbol{x}_i, \boldsymbol{x}_j) = \left[(\boldsymbol{x}_i \cdot \boldsymbol{x}_j) + R \right]^d \tag{6-44}$$

式中,R 为一个常数;d 为多项式的阶数。

3. 指数径向基核函数

$$K(\boldsymbol{x}_i, \boldsymbol{x}_j) = \exp\left(- \frac{\| \boldsymbol{x}_i - \boldsymbol{x}_j \|}{2\sigma^2}\right) \tag{6-45}$$

式中,σ 为指数径向基核函数宽度。

4. 高斯径向基核函数

$$K(\boldsymbol{x}_i, \boldsymbol{x}_j) = \exp\left(- \frac{\| \boldsymbol{x}_i - \boldsymbol{x}_j \|^2}{2\sigma^2}\right) \tag{6-46}$$

式中,σ 为高斯径向基函数宽度。

径向基核函数(RBF)对样本的局部特征较为敏感,学习能力比较强,泛化能力一般,属于局部核函数,而且其对参数敏感,实际应用中需要对参数进行优化设计。

5. Sigmoid 核函数

$$K(\boldsymbol{x}_i, \boldsymbol{x}_j) = \tanh\left[\upsilon(\boldsymbol{x}_i \cdot \boldsymbol{x}_j) + \theta \right] \tag{6-47}$$

式中,$\upsilon > 0$,$\theta < 0$ 为 Sigmoid 核函数参数。

由以上核函数的定义可以得出核函数的一些性质,其中之一就是封闭性质:即在实数 α,β,λ 都大于 0 的情况下,多个单核函数的线性组合仍然是核函数,如式(6-48)所示[182-184]。

$$K(x_i, x_j) = \alpha k_{\text{linear}} + \beta k_{\text{poly}} + \lambda k_{\text{RBF}} \tag{6-48}$$

式中,k_{linear} 为线性核函数;k_{poly} 为多项式核函数;k_{RBF} 为径向基核函数。

从上面分析可以看出单个的核函数都有局限性,而混合核函数可以兼顾各个核函数的性能,通过优化算法可以取各个核函数之长,使得支持向量机模型达到最优的分类性能。

6.5.2　改进粒子群优化算法

在支持向量机被提出之初,万普尼克等就在人工智能领域著名期刊 *Machine Learning* 上提出参数的选取将在很大程度上决定支持向量机的分类与预测效果[150],如果参数选取不适当,支持向量机的预测精度和推广性能都将无法保证。

目前广泛使用的几种参数优化方法有交叉验证法、泛化误差估计与梯度下降法、实验误差法、人工智能与进化算法这四类。鉴于人工智能与进化算法的高效性与准确性,本节使用了其中的粒子群优化算法(PSO)来优化支持向量机的参数。

粒子群优化算法是在 1995 年最先由肯尼迪和埃伯哈特因受到鸟群寻觅食物的启发而提出来的[151]。生物社会学家威尔逊在深入研究后指出,生物群体中的个体成员可以从群体中其他成员的觅食过程中获取经验与线索,而这种优势往往可以超过群体中个体在觅食过程中的竞争劣势[152],这也是粒子群优化的基本原理。

粒子群算法是通过模拟鸟群寻找食物的过程来进行优化的,鸟群中每一只鸟就是粒子群中的粒子,也对应着优化问题的一个潜在解,在觅食中,鸟群中的个体会不断改变自身的位置和速度,直至自己找到食物,它们最终总会渐渐地聚集在一起,而这个最终聚集的地方就是寻优问题中的最优解。下面将对粒子群优化算法进行数学描述。

粒子群优化算法通过粒子间的协调寻找最优解。在实际求解中,每个粒子对应待优化参数的一组值,采用适应度(fitness)用来评判不同粒子的优劣,适应度需要根据实际问题来定义,比如优化预期是精度最高,则精度就是适应度,粒子的速度决定它下一步移动方向。初始状态时,粒子随机分布在取值空间中,随着迭代的开始,计算两个极值,一个是粒子其本身的最优解,称为个体最优值(p_{best}),另一个是整个种群找到的最优解,称为全局最优值(g_{best}),随着迭代的不断进行,粒子持续追随两个极值运动,最终整个群体会趋近待优化参数空间里的最优点。

用数学语言描述:设 D 维的取值空间中,共有 m 个粒子,其中,第 i 个粒子的位置为 $x_i = (x_{i1}, x_{i2}, x_{i3}, \cdots, x_{iD})$, $i = 1, 2, 3, \cdots, m$,速度为 $v_i = (v_{i1}, v_{i2}, v_{i3}, \cdots, v_{iD})$, $i = 1, 2, 3, \cdots, m$。当前时刻粒子个体最优值为 $p_{best i} = (p_{i1}, p_{i2}, p_{i3}, \cdots, p_{iD})$,种群总体最优值为 $g_{best} = (g_1, g_2, g_3, \cdots, g_D)$,则粒子追寻最优点的速度和位置更新公式如式(6 - 49)和式(6 - 50)所示。

$$v_{id}(t+i) = w \cdot v_{id}(t) + c_1 r_1 (p_{id} - x_{id}(t)) + c_2 r_2 (g_d - x_{id}(t)) \qquad (6-49)$$

当 $v_{id}(t+i) > |v_{max}|$ 时,则取 $v_{id}(t+i) = v_{max}$ 或 $v_{id}(t+i) = -v_{max}$

$$x_{id}(t+1) = x_{id}(t) + v_{id}(t+1) \qquad (6-50)$$

其中,$i = 1, 2, 3, \cdots, m$, $d = 1, 2, 3, \cdots, D$。惯性权重 w 是非负常数,r_1、r_2 是 $[0,1]$ 随机数,c_1, c_2 是速度常数。$v_{id}(t)$、$x_{id}(t)$ 为第 i 个粒子第 d 个分量 t 时刻的速度和位置,p_{id} 是第 i 个粒子第 d 个分量当前个体最优值,g_d 为全局最优值的第 d 个分量。每次迭代更替粒子的位置和速度,计算各个粒子的适应度,选出最好的作为全局最优值,不断迭代至结束条件,结束时的最优值即为实际问题的最优解。

以上是改进粒子群优化算法的基本原理,经过本书的分析及实践该算法可知,在迭代后期容易取得参数取值空间内的某一部分极值,而错过了整个取值空间的最优点,为了解决该问题,本书在每一次迭代的最后部分设置了一个粒子变异的过程:待优化参数在取值空间内随机赋值,假如优化陷入了局部最优,随机放置的粒子就可能带领种群摆脱局部最优的束缚,找到全局的最优点。改进 PSO 算法流程图见图 6.16,在一次循环过程中,有适应度计算,粒子位置速度更新,个体最优点和种群最优点的更新,粒子变异五大步骤。

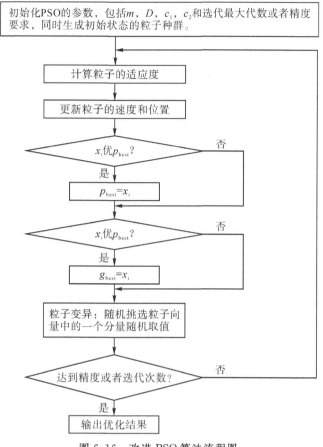

图 6.16 改进 PSO 算法流程图

6.5.3 自适应多核支持向量机模型

鉴于以上相关理论和方法,本章节提出自适应多核支持向量机智能诊断模型,模型相关参数由改进粒子群优化算法进行优化选择,样本预处理采用核主成分分析方法,通过映射提取数据间的高维特征信息,减少数据高维冗余,非常符合非线性支持向量机的整体理念,有助于提升支持向量机的学习能力。

对于原始的时域信号,计算最通用的十六个时域统计特征作为核主成分分析的输入矩阵,通过核主成分分析方法,选取主成分矩阵累计贡献率达到 95% 的成分作为支持向量机的输入样本;SVM 采用混合核函数,在 SVM 训练的过程中采用改进粒子群优化算法优化混合核函数的系数及相关参数,最后用优化出的 SVM 模型对测试集进行智能诊断,基于改进粒子群优化算法的混合核函数的支持向量机模型具体方法流程见图 6.17。

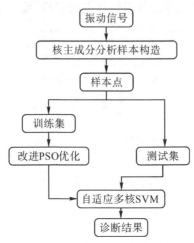

图 6.17　自适应多核支持向量机智能诊断方法流程图

支持向量机的混合核函数由最常用的线性核函数,多项式核函数,RBF 核函数通过线性组合的方式组合而成,见式(6-48),混合核函数的系数 α、β、λ 作为待优化参数,RBF 对参数 g 相当敏感,所以 g 作为待优化参数的第四项;惩罚因子 c 在学习过程也产生了关键作用,作为优化的第 5 项,多项式最高阶数为 3。

综上所述,待优化参数为 α、β、λ、g、c,即粒子群优化的粒子结构为 $x_i = (\alpha_{1i}, \beta_{2i}, \lambda_{3i}, g_i, c_i)$。PSO 优化算法初始化需要设置两方面的参数,一是初始粒子群的生成,二是 PSO 算法相关参数,包括参数取值空间,迭代数量,种群规模 m,速度更新参数 c_1、c_2,惯性权重 w,在本章的算法中迭代数设置为 50,$m=20$,α_{1i}、β_{2i}、$\lambda_{3i} \in [0,1]$,$c \in [0.1,100]$,$g \in [0.01, 1000]$;速度常数 c_1 代表单个粒子认知能力,c_2 代表粒子之间信息共享能力,相关文献研究表明,速度常数都取 2 时,粒子的认知能力和社会能力得到最佳平衡[153],因此这里 c_1 c_2 均设置为 2。惯性权重 w 用来平衡算法全局和局部寻优能力,根据相关的研究,w 在 $[0,1]$ 中随机取值[154],可以获得最好的平均适应度,不易陷入局部最优点,更大概率得到最优解,因此取 $w = \mathrm{rand}(0,1)$。

根据样本数据之间的关系可以推理出其只在故障特征方面保持一致,而噪声及干扰信号是随机的,为了消除分类器对其他随机特征的过学习,提高智能模型的泛化能力,本书的粒子群优化算法将训练集分成前后两部分,前一部分样本数据用来训练支持向量机,用训练好的分类器对后一部分样本数据进行分类,分类精度作为粒子的适应度。针对粒子群优化算法在迭代后期容易陷入局部最优点问题,模型按照上文提出的改进算法,在每一个迭代的最后部分设置了一个粒子变异的过程,冲出局部最优的陷阱,得到全局最优解。

6.5.4　单核函数支持向量实验

为了验证本章所提方法对大 DN 值航空高速轴承智能定量故障诊断的有效性,本节以实验最高转速 30000 r/min 的稳速数据进行分析,在该转速下轴承的 DN 值高达 1.35×10^6 mm·r/min,是典型的大 DN 值,信号也发生严重的混叠变异。提取每一种工况在 30000 r/mim 时的稳速数据,其中每种故障类型分别包括正常信号及 3 种不同故障程度的信号,3 种故障类型共计 12 个数据集。

每个工况下的原始信号约 40 万个数据点,平均分为 350 组,对每个分组求取 16 种时域特征指标,得到 350 个 16 维的样本点,将前 160 个样本点作为训练集,剩下 190 个样本点作为测试集,因此用于定量诊断的同种故障 4 种程度的数据就形成了 1400 个样本点,其中 640 个点作为训练集,760 个点作为测试集,对于 12 种不同故障数据,共有 4200 个样本点,其中训练集为前 1920 个,测试集为后 2280 个样本。

支持向量机主体程序使用 LIBSVM,核函数直接用单核函数,参数手动调试最优,分别采用应用广泛的多项式核函数,RBF 核函数进行实验,径向基核函数参数 g 为 0.25。

外圈正常和 3 种不同故障程度的单核函数实验结果见图 6.18 和图 6.19,红圈为测试样本点的真实类别,黑点为支持向量机判定的类别,两者重合代表分类正确,否则代表分类错误。

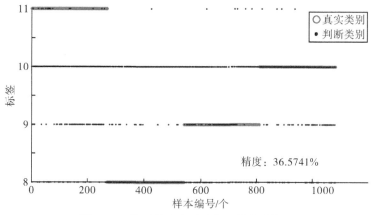

图 6.18　外圈故障多项式核函数实验结果

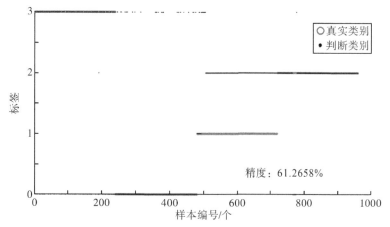

图 6.19　外圈故障径向基核函数实验结果

同样地,对其他同种故障不同程度的数据进行了实验,实验方法同上。进一步为了验证单核函数在实际工程中多分类的性能,本节对 12 类故障进行多分类实验,径向基核函数参数同上,单核函数的结果如图 6.20 和图 6.21 所示,单核函数实验结果汇总见表 6.5。

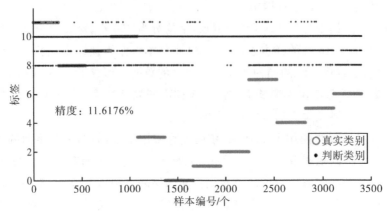

图 6.20　12类故障多项式核函数实验结果

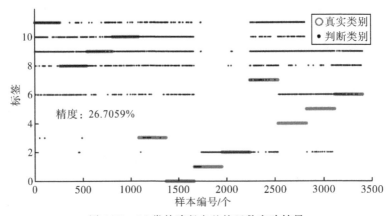

图 6.21　12类故障径向基核函数实验结果

表 6.5　单核函数实验结果汇总表

核函数类型	内圈四种情况	外圈四种情况	滚珠四种情况	全部 12 种情况
多项式	51.7255％	48.2358％	42.7856％	11.6176％
RBF	49.5648％	61.2658％	53.7856％	26.7059％

从表 6.5 可以看出,单核函数对实际复杂的信号效果不好,总体上 RBF 核函数较多项式核函数略好,单核核函数对四类定量分类精度基本达不到 65％,对 12 类的多分类更是低于 30％,在追求高精度的故障诊断领域是无法使用的。

6.5.5　自适应多核支持向量机实验

为了对航空大 DN 值轴承的早期微弱信号进行有效地定量诊断,本节采用自适应多核支持向量机对实验数据进行故障定量诊断实验,为了进一步提高特征数据的有效性,最后对数据采用稀疏重构预处理进行消噪处理。

多核函数支持向量机模型使用三种单核函数组合成的混合核函数,混合核函数支持向量机模型参数由改进粒子群优化算法进行优化,实现有监督的核函数选择机制,通过优化可以提高支持向量机的学习能力和泛化能力。同时采用了稀疏重构方法对原始的信号进行预处理,在剔除原始信号噪声的同时保留信号中代表故障及运行状态的信号,保证了支持向量机输入数据的可靠性。

采用自适应多核支持向量机进行分类实验,支持向量机核函数由线性核函数、多项式核函数和径向基核函数组合成混合核函数,模型整体参数使用改进粒子群优化算法进行优化,从而建立一个性能优良的 SVM 模型。粒子群优化算法需要优化的参数有 5 个,分别是混合核函数的系数 α、β、γ,RBF 核函数的参数 g,支持向量机的惩罚因子 c。

对改进粒子群优化算法采用训练集的前 80 个样本作为分类器训练集,后 80 个样本作为适应度的计算,避免过学习情况。为此,同种故障四种程度共计 1400 个样本,训练集为前 640 个样本,测试集为后 760 个样本;对于 12 类的多分类数据,训练集为 1920 个样本,测试集为 2280 个样本,训练集中后 960 个点作为迭代优化中适应度计算。

改进粒子群优化算法相关参数和第 3 章一样,图 6.22 为 12 类故障改进粒子群优化算法训练精度随迭代次数变化图,可以看出在 SVM 的训练过程中,随着 PSO 迭代次数的增加,算法的分类精度逐渐提高,最终在第 15 次迭代后达到最高。

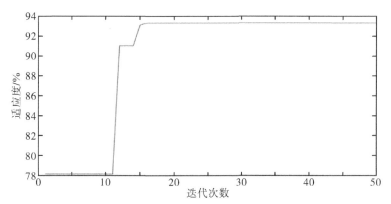

图 6.22 12 类故障改进粒子群优化算法训练精度随迭代次数变化图

改进粒子群优化算法最终优化出混合核函数系数等 5 个参数的最优值,不同故障定量诊断及多故障定量诊断优化出的 5 个系数的最优值如表 6.6 所示,然后利用得到的最优参数组成 SVM 模型对相同故障类型不同故障程度进行定量诊断。实验结果见图 6.23、图 6.24、图 6.25 和图 6.26。

表 6.6 粒子群优化出模型的最佳值

故障类型	α	β	λ	g	c
外圈四类故障	0.1239	0	0.5613	0.01	100
内圈四类故障	0.5935	0.5273	0.5256	32.0386	84.3223
滚珠四类故障	0.5390	1	1	0.01	100

故障类型	α	β	λ	g	c
全部十二类故障	0.8456	1	1	0.01	36.2833

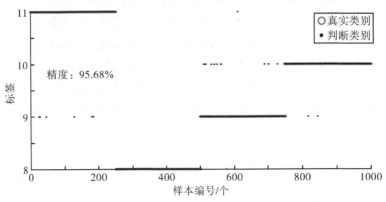

图 6.23　外圈故障实验结果

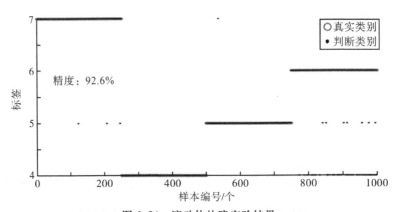

图 6.24　滚动体故障实验结果

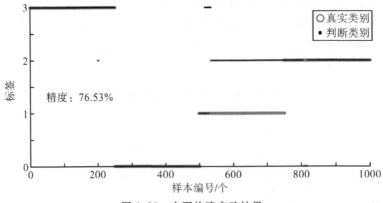

图 6.25　内圈故障实验结果

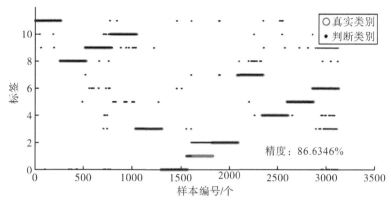

图 6.26 12 类故障实验结果

实验结果汇总表见表 6.7，从实验结果可以看出，本节所提的粒子群优化混合核函数支持向量机的方法在分类精度上有了很大提高，外圈 4 种故障程度的定量诊断准确率均高达 95%，对 12 类不同类型及不同程度的故障定量诊断上的精度也高达 86.6%。但由于噪声的影响，内圈不同程度故障定量诊断的精度仅达到 76.53%，同时由于 PSO 是一种迭代算法，计算时间也比较长。

表 6.7 粒子群优化混合核函数实验结果汇总表

序号	内圈	外圈	滚动体	12 类
精度/%	76.53	95.68	92.6	86.6346
计算时间/s	974	986	980	3525

6.5.6 稀疏分解重构预处理自适应多核 SVM 实验

为了消除噪声对实验结果的影响，进一步提高智能定量诊断精度，本节对实测原始信号进行稀疏分解重构的预处理。稀疏理论是最近兴起的信号分析理论，并广泛应用在医疗成像、模式识别、雷达探测、地质勘探、图像压缩等领域。其主要思想是通过构造过完备字典来稀疏地表达特征信息，并快速地重构稀疏子空间信号。稀疏理论孕育于马拉特的匹配追踪理论中[155]，由多诺霍在 1998 年的原子分解基追踪[156] 的理论中正式提出并进行了大量的理论研究，随后斯塔克等人把稀疏思想运用于图像的多成分分离，提出了形态成分分析理论并应用于宇航图像分析中。文卡运用凸优化理论对稀疏分解理论进行了深入的理论建模和论证[157]；埃拉德提出了 K - SVD 字典学习理论来组建稀疏过完备基，并成功地运用到了图像的稀疏分析中[158]；斯蒂芬和 Yin 等人提出了 ADMM 算法并应用于稀疏重构问题求解[159,160]，不但获得了算法的快速收敛特性，并且在大数据处理和分布式计算方面显示了优越的性能[161]。

稀疏表示理论一经提出，由于其在信号表示上的优点及信号消噪的效果，国内学者即开展相关研究工作，并且快速应用于故障诊断领域，目前稀疏表示理论在国内机械故障诊断领域已经有了初步的研究工作,2013年,西安交通大学的蔡改改提出了基于信号振荡属性的稀疏分解算法,实现了不同振荡属性的非线性分离,有效地提取了微弱的冲击特征信息。2014年,西安交通大学的陈雪峰教授等提出了自适应稀疏字典构造方法用于机械信号中的冲击特征提取,并对轴承和齿轮箱的故障进行了有效诊断。2014年,上海交通大学的陈进等把稀疏理论运用到了机械微弱信号分析和故障分类应用中,有效地提取了特征信息。2015年,苏州大学的朱忠奎等人构建了冗余小波字典原子集合,利用相关系数有效匹配并提取了齿轮故障的瞬态特征信息。2016年,中国科技大学的何清波等提出了基于时频域稀疏匹配的冲击特征提取方法,有效诊断了轴承的故障。上述方法通过探索信号的稀疏本质,在传统的旋转机械诊断中取得了较好的应用效果。

稀疏分解重构方法采用基于逐级正交匹配追踪的形态成分分析算法,字典分别使用离散余弦变换(DCT)和离散小波变换(DWT),因为DCT只能稀疏分解表示其中的谐波成分,而对冲击成分的表示效果并不好,DWT只能稀疏表示冲击成分而对谐波成分的效果不好,使得逐级正交匹配追踪的形态成分分析法非常适合于轴承故障特征信号的提取。经过预处理后的信号可以剔除噪声等信号,有利于提取出代表故障的冲击及谐波信号,原始数据和经过稀疏处理后的预处理数据如图6.27和图6.28所示,从中可以看出,经过稀疏处理后谐波信号特征表现明显,这对支持向量机的学习很有帮助。

对一个工况下的原始信号进行稀疏分解重构后形成待测信号,待测信号分为220组,每组1800个数据点,预处理后变为220个16维的样本点,前90个样本作为训练集,训练集中25个样本点作为适应度计算样本,测试集为130个样本点。为此,同一故障4种程度的数据就形成了880个样本点,12种多故障的综合分类形成2640个样本点,其中训练集为1080个样本,测试集有1560个样本,训练集中后300个样本点作为适应度计算。

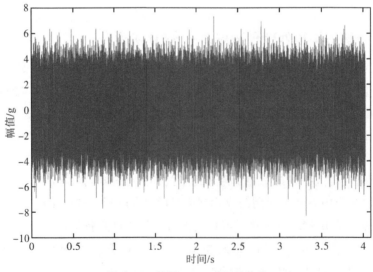

图 6.27 外圈 0.7mm² 原始信号

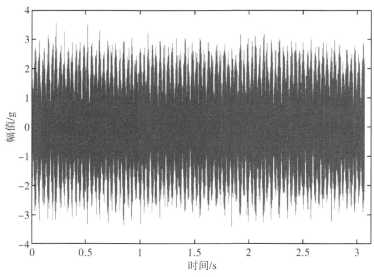

图 6.28　外圈 0.7mm² 稀疏重构后信号

对于稀疏重构后形成的样本数据,采用自适应多核支持向量机模型进行预测分类实验,利用改进粒子群优化算法对所混合核函数进行参数寻优,获得 5 个待优化参数的最优值,最优取值结果见表 6.8,然后用最优支持向量机模型对同种故障不同程度的信号及不同故障不同程度的 12 类数据进行分类实验,结果如图 6.29,图 6.30,图 6.31 和图 6.32 所示。

表 6.8　各类数据粒子群优化结果

数据类型	α	β	λ	g	c
外圈	0.8878	0.8219	0.5128	850.8759	82.7389
内圈	1	0	0.3282	0.01	98.76
滚动体	0.9545	0.6525	0.8658	594.0053	100
全部 12 类故障	0.5573	0.6247	0.7829	304.0237	7.0089

4 次实验结果汇总表见表 6.9。从中可以看出,稀疏表示核函数选择方法运算时间最短,稀疏重构加自适应多核模型精度最高。对原始信号进行稀疏重构后,消除了大量噪声信号,使得不同故障的信号内在信息更加聚集,分类精度得到了提升,同种故障定量诊断的精度高于 97％,不同故障不同程度的 12 类故障类型诊断精度也高达 94.8％;分类精度提高的同时,对原始信号进行稀疏重构后,样本点数量减少了,相比原始信号降低了模型计算时间。

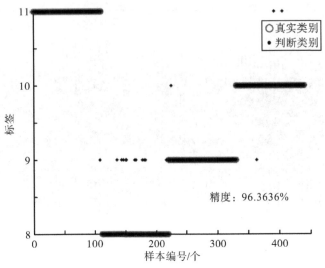

图 6.29　稀疏重构后外圈故障实验结果

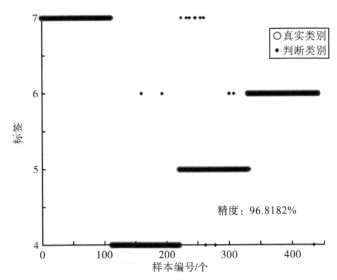

图 6.30　稀疏重构后滚动体故障实验结果

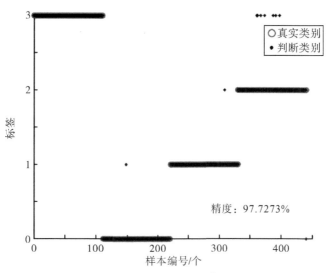

图 6.31　稀疏重构后内圈故障实验结果

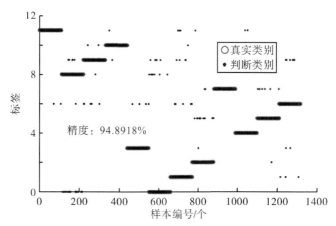

图 6.32　稀疏重构后 12 类故障实验结果

表 6.9　自适应多核 SVM 实验结果汇总表

实验内容		内圈四类	外圈四类	滚动体四类	12 类故障
自适应多核 SVM	精度/%	76.53	95.68	92.6	86.6346
	运行时间/s	974	986	980	3525
稀疏重构自适应多核 SVM	精度/%	97.7	96.36	96.82	94.89
	运行时间/s	299	296	302	980

　　本章针对大 DN 值航空高速轴承的定量故障诊断进行了研究。在高速工况下,航空轴承故障信号呈现混叠变异性,频域冲击信息频带弥散特性,对传统经典的以故障特征提取为目标的轴承故障诊断方法提出了挑战,使得航空发动机高速轴承故障诊断极为困难。本章

从轴承故障动力学出发,进行了高速工况冲击信号混叠仿真研究,得出大 DN 值轴承发生混叠的内在机理及必然性,传统特征提取方法对混叠信号失效的内在原理,进而采用本章所提出的改进粒子群优化算法混合核函数支持向量机智能诊断模型进行航空高速轴承定量诊断,具体结论如下:

(1)进行了轴承动力学及混叠信号仿真实验研究,研究发现在代表故障的冲击信号不发生混叠时,传统故障诊断方法可以准确提取故障特征进行有效诊断,但是当转速提高到一定值时必然发生冲击信号混叠现象,混叠严重时,时域信号呈现类似正弦波的形态,频域中的共振峰消失,并且各阶故障特征频率迅速衰减,已经不存在理论上的故障特征频率,传统以信号特征提取的故障诊断方法失效。

(2)进行了航空轴承高速故障模拟实验,对航空高速轴承分别预置了内圈、外圈、滚动体三种类型,每种类型分别为无故障,剥落 0.5 mm^2、0.7 mm^2、1.0 mm^2 四种程度,分别采集了在 3000～30000 r/min 下的振动信号;进行了实验信号的信号处理实验,实验结果和理论仿真一致,即低速下冲击信号没有发生混叠变异,传统的包络谱分析及稀疏表示方法可以准确提取故障特征频率,当转速超过 10000 r/min 后,故障信号发生混叠变异,传统方法无法提出故障特征频率,验证了理论分析及仿真实验的正确性。

(3)采用自适应多核支持向量机模型对实验数据进行对比分类实验。实验结果表明,单核函数对于如此复杂的工程实验数据,诊断精度低,自适应多核支持向量机智能诊断模型可以提高支持向量机对该类数据的学习能力和泛化能力,诊断精度获得提高,对于 4 类故障的定量诊断可以高达 95%,但是内圈信号受噪声的影响,原始信号质量较差,精度偏低。

(4)为了进一步提高分类精度,减少原始信号中的噪声信号干扰,采用了稀疏重构方法对原始的信号进行预处理,剔除原始信号噪声的同时保留信号中代表故障及运行状态的信号,保证了支持向量机输入数据的可靠性。对原始信号进行稀疏重构消噪预处理后,支持向量机智能诊断模型的诊断精度获得提高,对各种信号分类的正确率均可以达到 95% 以上,证明了本章提出的方法对于大 DN 值轴承的故障定量诊断是有效的,有望为高转速大 DN 值航空轴承智能定量诊断提供理论依据[162]。

参考文献

[1]张小丽.支持向量机优化增强方法及其机械故障诊断应用研究[D].西安:西安交通大学,2011.

[2]马猛.深度置信网络理论及航空发动机关键部件故障预测研究[D].西安:西安交通大学,2018.

[3]刘若楠.改进的卷积神经网络理论及其在机械故障诊断中的应用研究[D].西安:西安交通大学,2018.

[4]搜狐网.中国航空产业进入升级期 万亿市场规模可期.https://www.sohu.com/a/138362683_115496

[5]中国民用航空局,2019年民航行业发展统计公报.http://www.gov.cn/xinwen/2020-06/13/5519220/files/c5cf239470c64d7fb5cde4626bb37e.pdf

[6]搜狐网.全球重大空难一览(1998年至今).https://www.sohu.com/a/30074706 4_228365

[7]腾讯网.2020年第4起重大空难.https://new.qq.com/omn/20200609/20200609A0CTF500.html

[8]个人图书馆.史上最严重高铁事故曝光!http://www.360doc.com/content/18/0510/08/8862802_752635644.shtml

[9]百度网.8·12天津滨海新区爆炸事故.https://baike.baidu.com/item/8%C2%B712%E5%A4%A9%E6%B4%A5%E6%BB%A8%E6%B5%B7%E6%96%B0%E5%8C%BA%E7%88%86%E7%82%B8%E4%BA%8B%E6%95%85/18370029?fr=aladdin

[10]搜狐网.国内风电40大事故.https://www.sohu.com/a/311598972_652081

[11]腾讯网.世界历史上十大核灾难是哪些?.https://xw.qq.com/cmsid/20200228A073BH00

[12]中华人民共和国中央人民政府网.国家中长期科学与技术发展规划纲要.http://www.gov.cn/jrzg/2006-02/09/content_183787.htm

[13]国家自然科学基金委员会工程与材料科学部.机械工程学科发展战略报告:2011-2020[M].北京:科学出版社,2010.

[14]人民教育出版社历史室.《世界近代现代史》[M].郑州:人民教育出版社,2002.

[15]王国彪,何正嘉,陈雪峰,等.机械故障诊断基础研究"何去何从"[J].机械工程学报,2013,49(01):63-72.

[16]张小丽,陈雪峰,李兵,等.机械重大装备寿命预测综述[J].机械工程学报,2011,47(11):100-116.

[17]陈雪峰,訾艳阳.智能运维与健康管理.机械工业出版:2018年11月.

[18]高金吉.高速涡轮机械振动故障机理及诊断方法的研究[D].北京:清华大学,1993

[19]屈梁生.机械故障的全息诊断原理[M].北京:科学出版社,2007.

[20]何正嘉,陈雪峰,李兵,等.小波有限元理论及其工程应用[M].北京:科学出版社,2006.

[21]何正嘉,陈雪峰.小波有限元理论研究与工程应用的进展[J].机械工程学报,2005,41(3):1-11.

[22]何正嘉,袁静,訾艳阳.机械故障诊断的内积变换原理与应用[M].北京:科学出版社,2011.

[23]侯磊,陈予恕.非线性共振及其计算和应用[J].机械工程学报,2019,55(13):1-12.

[24]高朋,侯磊,陈予恕.双转子-中介轴承系统非线性振动特性[J].振动与冲击,2019,38(15):1-10.

[25]李忠刚,陈照波,陈予恕,等.非线性转子-密封系统动力学行为演变机理研究[J].哈尔滨工程大学学报,2016,37(12):1704-1708.

[26]陈予恕. 机械故障诊断的非线性动力学原理[J]. 机械工程学报,2007,43(1):25 - 34.

[27]SOHVE J S. Trouble - shooting to stop vibration of centrifugal[J]. Petrol/Chem Engineering, 1968, 11: 22 - 33.

[28]SOHRE J S. Turbomachinery Problems - Causes and Cures[J]. Hydrocarbon Processing, 1977,56 (12): 77 - 84.

[29]MAYES, I W, W G R DAVIES. Analysis of the response of a multi -rotor -bearing system containing a transverse crack in a rotor [J]. Journal of Vibration and Acoustics,1984,106(1):139 - 145.

[30]BEGG, COLIN D, et al. Dynamics modeling for mechanical fault diagnostics and prognostics[J]. Maintenance and Reliability Conf. 1999.

[31]CHRIS A PAPADOPOULOS. The strain energy release approach for modeling cracks in rotors: A state of the art review[J]. Mechanical Systems and Signal Processing,2008,22(4):763 - 789.

[32]JIN YULIN, LU KUAN HUANG, CHONG XING. Nonlinear dynamic analysis of a complex dual rotor - bearing system based on a novel model reduction method[J]. APPLIED MATHEMATICAL MODELLING,2019,75:553 - 571.

[33]KANDIL ALI,SAYED M,SAEED N A. On the nonlinear dynamics of constant stiffness coefficients 16 -pole rotor active magnetic bearings system[J]. EUROPEAN JOURNAL OF MECHANICS A - SOLIDS,2020,84:281 - 300.

[34]LIU WANHUI, BAETTIG PHILIPP,WAGNER PATRICK H. Nonlinear study on a rigid rotor supported by herringbone grooved gas bearings: Theory and validation[J]. Mechanical Systems and Signal Processing,2021,146:561 - 579.

[35]BEN RAHMOUNE MOHAMED, HAFAIFA AHMED, et al. Gas turbine monitoring using neural network dynamic nonlinear autoregressive with external exogenous input modelling[J]. MATHEMATICS AND COMPUTERS IN SIMULATION,2021,179:23 - 49.

[36]欧园霞,李平.用有限元素法分析转子-轴承系统动力学[J].航空学报,1984(04):459 - 463.

[37]郑惠萍,陈予恕,梁建术.滑动轴承转子系统非线性动力学稳定性研究[J].机械设计,2002(06):14 - 16+0.

[38]刘长利,姚红良,李鹤,等.碰摩转子轴承系统的非线性动力响应行为[J].东北大学学报,2003(08):80

[39]刘献栋,何田,李其汉.支承松动的转子系统动力学模型及其故障诊断方法[J].航空动力学报,2005 (01):54 - 59.

[40]刘杨,李炎臻,太兴宇,等.转子-滑动轴承系统松动-碰摩耦合故障分析[J].振动工程学报,2016,29 (03):549 - 554.

[41]张宇超,王彦伟.深沟球轴承-转子系统多体动力学仿真与优化[J].机械,2019,46(02):8 - 12+36.

[42]李彬,张磊,曹跃云.Alford 力作用下计及叶片振动的转子-轴承系统动力学特性分析[J].船舶力学, 2020,24(01):98 - 107.

[43]曹金鑫.含故障传动系统齿轮-轴承耦合动力学特性研究[J].机械强度,2020,42(04):982 - 987.

[44]王衍博. 周向拉杆转子—轴承—密封系统动力学特性研究[D].大连:大连海事大学,2020.

[45]魏维,郭文勇,吴新跃,等.考虑滑动轴承时变动力学参数的齿轮系统建模及分析[J].振动与冲击, 2019,38(23):246 - 252.

[46]王静,崔巍,王瑾,宋姣姣.滚动轴承-锥齿轮传动系统非线性动力学[J].时代汽车,2019(18):31 - 32.

[47]CHEN X, WANG S, QIAO B et al. Basic research on machinery fault diagnostics: Past, present, and future trends[J]. Frontiers of Mechanical Engineering, 2017, (2): 1 - 28.

[48]KOLLATAJ, JH. Digitized thermocouple compensation yields direct reading for data logger[J]. Elec-

tronics,1970,43(3):116 - 128.

[49]ARSHAK K, ARSHAK A. , JAFER E, et al. Low - power wireless smart data acquisition system for monitoring pressure in medical application[J]. MICROELECTRONICSINTERNATIONAL,2008,25 (1):3 - 14.

[50]FUNCK JUERGEN, GUEHMANN CLEMENS. Comparison of approaches to time - synchronous sampling in wireless sensor networks[J]. MEASUREMENT,2014,56:203 - 214.

[51]SEGRETO TIZIANA, CAGGIANO ALESSANDRA, KARAM SARA et al. Vibration Sensor Monitoring of Nickel - Titanium Alloy Turning for Machinability Evaluation[J]. SENSORS,2017,17 (12):2885.

[52]SHUKLA AMAN,MAHMUD MANZAR, WANG WILSON. A smart sensor - based monitoring system for vibration measurement and bearing fault detection[J]. MEASUREMENT SCIENCE AND TECHNOLOGY,2020,31(10):126 - 135.

[53]五十岚,伊势美,罗小春.加速度及压力传感器[J].压电与声光,1979(05):59 - 62.

[54]杜寿全.光学纤维温度传感器——非电气测温[J].玻璃纤维,1979(05):48.

[55]S HEGGIE,夏健初,胡尧年.利用冷塑变形研制记录柴油机喷油压力—时间曲线的外接式传感器及其在故障诊断中的应用[J].国外机车车辆工艺,1980(01):27 - 33.

[56]乐海南.声发射在汽轮机故障诊断中的应用[J].发电设备,1988(02):13 - 18.

[57]夏虹,曹欣荣,王兆祥.基于传感器融合的机械设备故障诊断的方法与系统[J].哈尔滨工程大学学报,1998(04):3 - 5.

[58]徐留根,彭春增,全建龙,等.工业 CT 在航空机载传感器可靠性提升中的应用[J].传感器与微系统,2016,35(10):158 - 160.

[59]刘娇,刘金福,于达仁.燃气轮机性能监测诊断技术研究综述[J].燃气轮机技术,2017,30(04):1 - 8.

[60]雷亚国,贾峰,孔德同,等.大数据下机械智能故障诊断的机遇与挑战[J].机械工程学报,2018,54(05):94 - 104.

[61]王建辉,刘朋鹏,韦福东,等.基于工业互联网和多传感器数据的电机故障诊断方法[J].电机与控制应用,2019,46(12):92 - 98.

[62]颜云华,金炜东.基于多传感器信息融合的列车转向架机械故障诊断方法[J].计算机应用与软件,2020,37(08):48 - 51.

[63]殷红,陈强,彭珍瑞.传感器优化布置的齿轮箱轴承故障特征提取[J].噪声与振动控制,2020,40(04):67 - 72,154.

[64]李学玲,王文,范淑瑶. 基于 LGS 的声表面波高温传感器件优化设计[C]. 中国声学学会. 2019 年全国声学大会论文集. 中国声学学会:中国声学学会,2019:379 - 380.

[65]胡东林. 耐高温、高冲击 MEMS 压电薄膜加速度传感器的研究[D]. 重庆:重庆大学,2019.

[66]林义忠,王诗惠,黄冰鹏,等.基于惯性反馈的机器人智能碰撞传感器[J].仪表技术与传感器,2020(07):6 - 10.

[67]刘鹤群.5G 通信技术在城市轨道交通中的运用[J].技术与市场,2020,27(10):83,85.

[68]刘永超,焦鹏.5G 通信网络中数据传输可靠性的优化策略[J].卫星电视与宽带多媒体,2020(12):87 - 88.

[69]DA SILVA ROGER R,COSTA EDNELSON Da S,DE OLIVEIRA Roberto C L,et al. Fault diagnosis in rotating machine using full spectrum of vibration and fuzzy loglc[J]. Ournal of engineering science and technology,2017,12(11): 2952 - 2964.

[70]ISMAIL MOHAMED A A, BIERIG ANDREAS, SAWALHI NADE. Automated vibration -based

fault size estimation for ball bearings using Savitzky – Golay differentiators[J]. Journal of vibration and control,2018,24(18)：4297 – 4315.

[71]STIEF ANNA, OTTEWILL JAMES, BARANOESKI JERZY. A PCA and Two – Stage Bayesian Sensor Fusion Approach for Diagnosing Electrical and Mechanical Faults in Induction Motors[J]. IEEE Transactions on industrlal electronics,2019,66(12)：9510 – 9520.

[72]JEON BYUNG CHUL,JUNG JOON HA, KIM MYUNGYON. Optimal vibration image size determination for convolutional neural network based fluid – film rotor – bearing system diagnosis[J]. Journal of mechanical sclence and control,2020,34(4)：1467 – 1474.

[73]MJAHED SOUKAINA, EI HADAJ SALAH, BOUZAACHANE KHADIJA. Helicopter Main Rotor Fault Diagnosis by Using GA – and PSO – based Classifiers[J]. Studies in informatics and control,2020,29(1)：5 – 15.

[74]阳建龙,司芹,黄志开,等.基于盲源分离和 EEMD 的水电机组转子故障诊断研究[J].工业控制计算机,2014,27(12)：95 – 96＋98.

[75]罗毅,甄立敬.基于小波包与倒频谱分析的风电机组齿轮箱齿轮裂纹诊断方法[J].振动与冲击,2015,34(03)：210 – 214.

[76]马增强,李亚超,刘政,等.基于变分模态分解和 Teager 能量算子的滚动轴承故障特征提取[J].振动与冲击,2016,35(13)：134 – 139.

[77]任浩,屈剑锋,柴毅,等.深度学习在故障诊断领域中的研究现状与挑战[J].控制与决策,2017,32(08)：1345 – 1358.

[78]司景萍,马继昌,牛家骅,等.基于模糊神经网络的智能故障诊断专家系统[J].振动与击,2017,36(04)：164 – 171.

[79]李恒,张氢,秦仙蓉,等.基于短时傅里叶变换和卷积神经网络的轴承故障诊断方法[J].振动与冲击,2018,37(19)：124 – 131.

[80]陈仁祥,黄鑫,杨黎霞,等.基于卷积神经网络和离散小波变换的滚动轴承故障诊断[J].振动工程学报,2018,31(05)：883 – 891.

[81]车畅畅,王华伟,倪晓梅,等.基于深度学习的航空发动机故障融合诊断[J].北京航空航天大学学报,2018,44(03)：621 – 628.

[82]胡茑庆,陈徽鹏,程哲,等.基于经验模态分解和深度卷积神经网络的行星齿轮箱故障诊断方法[J].机械工程学报,2019,55(07)：9 – 18.

[83]雷亚国,杨彬,杜兆钧,等.大数据下机械装备故障的深度迁移诊断方法[J].机械工程学报,2019,55(07)：1 – 8.

[84]巩晓赟,张伟业,敬永杰,等.基于稀疏表示的轴承耦合故障振动特性分析及其特征提取[J].机械传动,2020,44(10)：38 – 43,54.

[85]李魁,胡宇,孙振生,等.基于改进 K – SVD 字典训练的涡扇发动机气路突变故障稀疏诊断方法[J].航空动力学报,2020,35(09)：2006 – 2016.

[86]程秀芳,王鹏.基于时域和频域分析的滚动轴承故障诊断[J].华北理工大学学报(自然科学版),2020,42(01)：58 – 64.

[87]余萍,曹洁.深度学习在故障诊断与预测中的应用[J].计算机工程与应用,2020,56(03)：1 – 18.

[88]屈梁生.机械故障的全息诊断原理[M].北京：科学出版社,2008.

[89]BEN RAHMOUNE MOHAMED, HAFAIFA AHMED, KOUZOU,et al. Gas turbine monitoring using neural network dynamic nonlinear autoregressive with external exogenous input modelling[J].

Mathematics and computers in simulation,2021,179:23 - 47.

[90]NOURIAN R, MOUSAVI S MEYSAM, RAISSI. A fuzzy expert system for mitigation of risks and effective control of gas pressure reduction stations with a real application[J]. Journal of loss prevention in the process industries,2019,59:77 - 90.

[91]ALVARES A, GUDWIN R. Integrated System of Predictive Maintenance and Operation of Eletronorte Based on Expert System[J]. IEEE Latin america transactions,2019,17(1):155 - 166.

[92]倪先锋.基于大数据挖掘技术的发电机故障诊断与预测性维护[J].化工管理,2020(29):136 - 137.

[93]刘华敏,吕倩,余小玲,等.基于人工智能的往复式压缩机故障诊断研究综述[J].流体机械,2020,48(09):65 - 70,82.

[94]闫伟.智能诊断方法在电力变压器故障识别中的应用[J].石化技术,2020,27(09):241,278.

[95]陈泉杉,陈文会,任鹏.航空发动机气路故障的智能诊断方法研究[J].内燃机与配件,2020(17):123 - 124.

[96]王军亚.基于人工智能的数控机床故障诊断分析[J].中国新技术新产品,2020(17):24 - 25.

[97]Vapnik VN. 统计学习理论[M]. 张学工 译. 北京:电子工业出版社,2004.

[98]VAPNIK VN. 统计学习理论的本质[M]. 张学工 译. 北京:清华大学出版社,2000.

[99]许子非,岳敏楠,李春.基于改进变分模态分解与支持向量机的风力机轴承故障诊断[J].热能动力工程,2020,35(06):233 - 242.

[100]薛征宇,郑新潮,邱翔,等.基于支持向量机的船舶感应电机轴承故障在线诊断方法[J].船海工程,2020,49(05):1 - 5+9.

[101]李众,王海瑞,朱建府,等.基于蜻蜓算法优化支持向量机的滚动轴承故障诊断[J].化工自动化及仪表,2019,46(11):910 - 916.

[102]张晓莉,谢永成.支持向量机参数优化方法在齿轮箱故障诊断中的应用[J].舰船电子工程,2020,40(09):146 - 149.

[103]于磊,陈森,张瑞,等.深度支持向量机在齿轮故障诊断中的应用[J].机械传动,2019,43(08):150 - 156.

[104]赵国,李益兵,谢春启.基于多特征融合的 GA - SVM 齿轮故障诊断方法[J].数字制造科学,2017,15(03):108 - 113.

[105]汲赛.对船舶机电设备故障诊断方法的探讨[J].中国设备工程,2018(24):196 - 198.

[106]LING MH, NG HKT, TSUI K-L. Inference on Remaining Useful Life Under Gamma Degradation Models with Random Effects. Statistical Modeling for Degradation Data. Springer, 2017: 253 - 266.

[107]LEI Y, LI N, GONTARZ S, et al. A model - based method for remaining useful life prediction of machinery[J]. IEEE Transactions on Reliability, 2016, 65 (3): 1314 - 1326.

[108]WANG P, VACHTSEVANOS G. Fault prognostics using dynamic wavelet neural networks[J]. Ai Edam - Artificial Intelligence for Engineering Design Analysis and Manufacturing, 2001, 15 (4): 349 - 365.

[109]HUANG RQ, XI LF, LI XL, et al. Residual life predictions for ball bearings based on self - organizing map and back propagation neural network methods[J]. Mechanical Systems and Signal Processing, 2007, 21 (1): 193 - 207.

[110]SATISHKUMAR R, SUGUMARAN V. Estimation of remaining useful life of bearings based on support vector regression[J]. Indian Journal of Science and Technology, 2016, 9 (10).

[111]RAI A, UPADHYAY SH. Intelligent bearing performance degradation assessment and remaining useful life prediction based on self - organising map and support vector regression[J]. Proceedings of the Institution of Mechanical Engineers, Part C: Journal of Mechanical Engineering Science, 2018, 232

(6)：1118－1132.

[112]明廷锋,张永祥,仰德标.齿轮故障诊断技术研究综述[A].中国机械工程学会设备维修分会.第十届全国设备监测与诊断技术学术会议论文集[C].中国机械工程学会设备维修分会:中国机械工程学会,2000:5.

[113]赵丽娟,刘晓东,李苗.齿轮故障诊断方法研究进展[J].机械强度,2016,38(05):951－956.

[114]李卓彦,周强强,李志雄.滚动轴承故障诊断技术的研究[J].科技信息,2008(36):114＋131.

[115]胡德强.滚动轴承故障诊断方法综述[J].内燃机与配件,2019(09):151－153.

[116]张键,机械故障诊断技术[M].北京:机械工业出版社,2008.9.

[117]黄志坚,高立新,廖一凡,机械设备振动故障监测与诊断[M].北京:化学出版社,2010.6.

[118]梅宏斌.滚动轴承振动监测与诊断理论·方法·系统[M].北京:机械工业出版社,1995.

[119]沙美好,刘利国.基于振动信号的轴承故障诊断技术综述[J].轴承,2015(09):59－63.

[120]王全先,马怀祥,机械设备故障诊断技术[M].武汉:华中科技大出版社.2013.9.

[121]王建平,肖刚.齿轮传动故障诊断方法综述及应用研究[J].江苏船舶,2008(01):24－26＋41.

[122]彭彬森,夏虹,王志超,等.深度神经网络在滚动轴承故障诊断中的应用[J].哈尔滨工业大学学报,2021,53(06):155－162.

[123]韦洪新.滚动轴承故障诊断研究方法及进展[J].天津理工大学学报,2021,37(02):36－40.

[124]李志文.滚动轴承故障诊断与案例分析[J].中华纸业,2020,41(24):70－73.

[125]虞和济.故障诊断的基本原理[M].北京:冶金工业出版社,1989.

[126]万小毛,鲍明,赵淳生.齿轮箱故障诊断技术综述[J].振动、测试与诊断,1990(04):33－40.

[127]吴今培,肖健华.智能故障诊断与专家系统[M].北京:科学出版社,1997.

[128]陈进.机械设备振动监测与故障诊断[M].上海:上海交通大学出版社,1999.

[129]鄂加强.智能故障诊断及其应用[M].长沙:湖南大学出版社,2006.

[130]屈梁生,何正嘉.机械故障诊断学[M].上海:上海科学出版社,1986.

[131]盛兆顺,尹琦岭.设备状态监测与故障诊断技术及应用.北京:化学工业出版社,2003.

[132]丁玉兰,石来德.机械设备故障诊断技术.上海:上海科学技术文献出版社,1994.

[133]王振亚,刘韬,王廷轩,等.不平衡技术在轴承故障诊断中的应用[J].机械与电子,2021,39(06):29－34.

[134]梁彧.机械设备的故障诊断与监测研究综述[J].科技与创新,2021(01):153－154.

[135]OHNABE H, MASAKI S, ONOZUKA M, et al. Potential application of ceramic matrix composites to aero－engine components[J]. Composites Part A: Applied Science and Manufacturing, 1999, 30(4): 489－496.

[136]YANG X, PANG S, SHEN W, et al. Aero engine fault diagnosis using an optimized extreme learning machine[J]. International Journal of Aerospace Engineering, 2016.

[137]VAPNIK VN. 统计学习理论的本质[M]. 张学工 译. 北京:清华大学出版社, 2000.

[138]KHORMALI, AMINOLLAH; ADDEH, Jalil. A novel approach for recognition of control chart patterns: Type－2 fuzzy clustering optimized SVM. ISA transactions 2016; 63: 256－264.

[139]CHANG C C, Lin C J. LIBSVM: a library for SVMs[J]. ACM transactions on intelligent systems and technology (TIST) 2011; 2(3): 27.

[140]SAIMURUGAN M, RAMACHANDRAN K I, SUGUMARAN V, et al. Multi component fault diagnosis of rotational mechanical system based on decision tree and SVM[J]. Expert Systems with Applications 2011;38(4): 3819－3826.

[141]SAIDI LOTFI, ALI JAOUHER BEN; FNAIECH FARHAT. Application of higher order spectral features and SVMs for bearing faults classification. ISA transactions 2015; 54: 193－206.

［142］WU S, WU P, WU C, et al. Bearing fault diagnosis based on multiscale permutation entropy and SVM. Entropy 2012；14(8)：1343－1356.

［143］邓乃扬，田英杰. 数据挖掘中的新方法——支持向量机[M]. 北京：科学出版社，2006 年.

［144］CRISTIANINI N, SHAWE－TAYLOR 著，李国正，王猛，曾华军译. 支持向量机导论[M]. 北京：电子工业出版社，2005 年.

［145］SMOLA AJ, SCHOLKOPF B, MULLER KR. The connection between regularization operators and support vector kernels[J]. Neural Networks，1998，11 (4)：637－649.

［146］王炜，郭小明，王淑艳，等. 关于核函数选取的方法[J]. 辽宁师范大学学报（自然科学版），2008，31 (1)：1－4.

［147］CHEN GY, XIE WF. Pattern recognition with SVM and dual－tree complex wavelets[J]. Image and Vision Computing，2007，25 (6)：960－966.

［148］SHANKEAR K, LAKSHMANAPRABU S K, GUPTA D, et al. Optimal feature－based multi－kernel SVM approach for thyroid disease classification. The Journal of Supercomputing，2020，76(2)：1128－1143.

［149］WANG T, QI J, XU H, et al. Fault diagnosis method based on FFT－RPCA－SVM for cascaded－multilevel inverter. ISA transactions，2016，60：156－163.

［150］CHAPELLE O, VAPNIK V, BOUSQUET O, et al. Choosing multiple parameters for support vector machines[J]. Machine Learning，2002，46 (1－3)：2002.

［151］KENNEDY J, EBERHART R. Particle swarm optimization[J]. Proceedings of IEEE International Conference on Neural Networks，1995，4 (8)：129－132.

［152］EBERHAR R, KENNEDY J, Eberhart R, et al. A new optimizer using particle swarm theory[J]. Micro Machine & Human Science mhsproceedings of the Sixth International Symposi，1995：39－43.

［153］KENNEDY,J,EBERHART R C. Particle swarm optimization. In：Proc. IEEE Int'1. Conf. on Neural Networks，IV. Piscataway, NJ：IEEE Service Center. 1995：1942－1948

［154］张丽平. 粒子群优化算法的理论及实践[D]. 杭州：浙江大学，2005

［155］MALLAT, S G, Z. ZHANG. Matching pursuits with time－frequency dictionaries. Signal Processing [J]. IEEE Transactions on，1993. 41(12)：p. 3397－3415.

［156］CHEN S S, D L DONHO, AND M A SAUNDERS. Atomic decomposition by basis pursuit[J]. SIAM journal on scientific computing，1998. 20(1)：p. 33－61.

［157］CHANDRASEKARAN V，et al. The convex geometry of linear inverse problems. Foundations of Computational mathematics[J]. 2012. 12(6)：p. 805－849.

［158］OPHIR B, M LUSTIG, M ELAD. Multi－Scale Dictionary Learning Using Wavelets. Selected Topics in Signal Processing[J]. IEEE Journal of，2011. 5(5)：p. 1014－1024.

［159］PARIKH N, S P BOYD, PROXIMAL ALGORITHMS. Foundations and Trends in optimization[J]，2014. 1(3)：p. 127－239.

［160］SHI W，et al. On the linear convergence of the ADMM in decentralized consensus optimization. Signal Processing[J]，IEEE Transactions on，2014. 62(7)：p. 1750－1761.

［161］SHI W，et al. Extra：An exact first－order algorithm for decentralized consensus optimization[J]. SIAM Journal on Optimization，2015. 25(2)：p. 944－966.

［162］王保建. 支持向量机性能提升方法及其在机械故障智能诊断中的应用[D]. 西安：西安交通大学，2022.

附件:机械系统故障诊断实验报告模板

滚动轴承故障检测实验报告

组员:

时间:20××年×月

一、实验目的

(1)熟悉滚动轴承的故障类型及其形成机理;

(2)在故障模拟试验台上模拟轴承的各类故障并采集对应数据;

(3)比较每组数据时域和频域的差别,根据所学的理论知识总结各类故障特征。

二、实验方案设计与测试系统搭建

(1)测试系统组成:轴承座、轴、电机、联轴器、待诊断轴承、振动传感器、数据采集系统、计算机。

(2)传感器的安装:传感器需要安装在离振动信号最近的载荷区,使其与振源有更直接的接触,监测数据准确。

(3)运行条件:轴承承受一定的载荷,并以规定转速运行,润滑良好。

(4)实验方案设计:搭建完测试系统后,分别选择不通故障的轴承,在转速一定的情况下,通过更换轴承,以测试不同故障的信号与特征。

三、故障特征频率

1. 轴承故障特征频率

(1)内圈故障: $f_i = 0.5z\left(1 + \dfrac{d\cos\alpha}{D}\right)f$

(2)外圈故障: $f_o = 0.5z\left(1 - \dfrac{d\cos\alpha}{D}\right)f$

(3)滚动体故障: $f_b = 0.5\dfrac{d}{D}f\left[1 -\right.$ 或 $f_b = \dfrac{d}{D}f\left[1 - \left(\dfrac{d\cos\alpha}{D}\right)^2\right]$

(4)保持架不平衡: $f_c = f_o/z$

2. 轴承参数及故障频率计算

项目	深沟球轴承尺寸	Z	d	D	α
参数	3/4inch	8	0.3125 inch	1.318 inch	0

内圈 $f_i = 4.95f$

外圈 $f_o = 3.05f$

滚动体 $f_b = 1.99f$

保持架 $f_c = 0.38f$

在本次实验中,实验报告采用 16 Hz 转频下进行分析。

四、振动信号分析

1. 正常轴承

频率	采样频率	内圈	外圈	滚动体	保持架
Hz	16	79.2	48.8	31.84	6.1

1）原始信号时频谱

分析：在图 2 中，除了主轴转频 16 Hz 外，出现了转频的 2 倍频，3 倍频等高频信号，考虑可能是由于主轴、联轴器、转子等部件在多次拆装时由于安装误差而引起了故障频率。

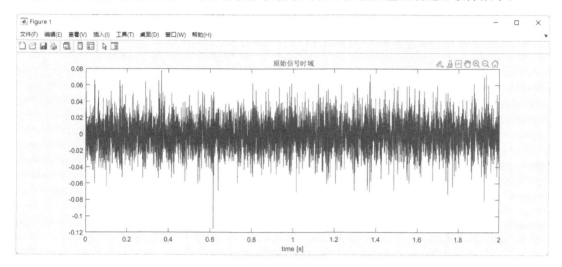

图 1　正常轴承原始信号时域波形

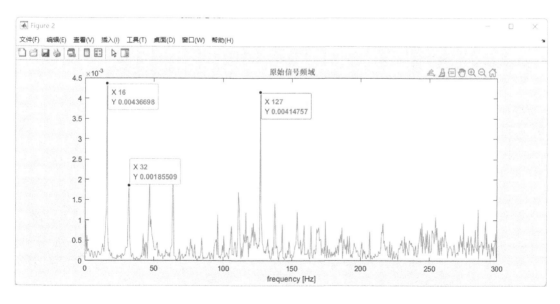

图 2　正常轴承原始信号频域波形

2)小波降噪与巴特沃斯滤波——带通滤波

分析:由图5可以看到,经过去噪和滤波后,去除了许多干扰信号,便于下一步数据处理。

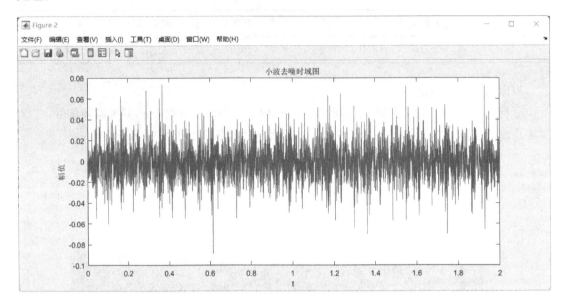

图3　正常轴承小波去噪时域图

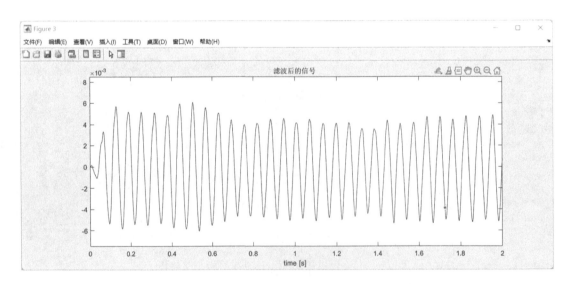

图4　巴特沃斯滤波时域图

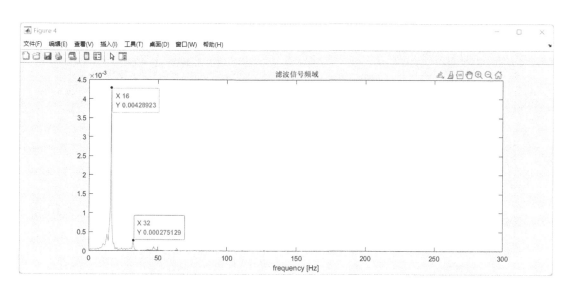

图 5 巴特沃斯滤波频谱图

3)希尔伯特包络解调

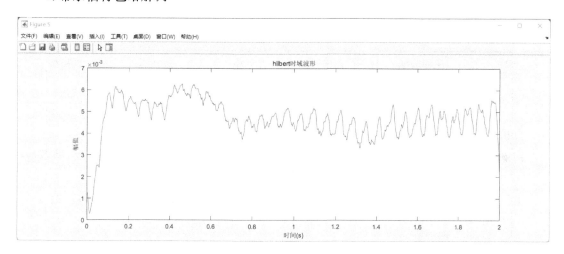

图 6 希尔伯特正常轴承时域图

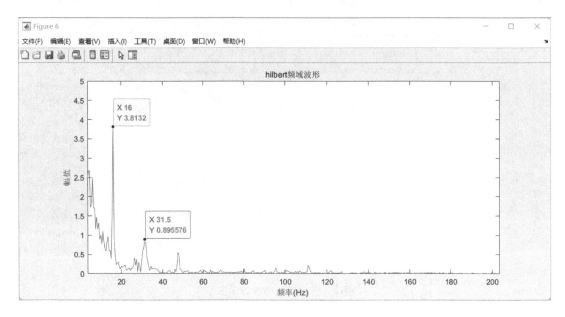

图 7　Hilbert 正常轴承频域图

2. 内圈故障信号分析

频率	采样频率	内圈	外圈	滚动体	保持架
Hz	15.87	78.56	48.4	31.58	6.03

分析：

内圈故障特征：振动信号产生周期成分，冲击间隔为内圈故障频率 f_i 倒数，即 $T = 1/f_i = 0.013$ s ；

故障频率被转频调制，幅值大小呈周期性变化，幅值变化周期为转频 f_r 的倒数，即 $T = 1/f_r = 0.06$ s 。

1) 原始信号时频谱

分析：如图 9 所示，在频谱图中出现了内圈故障频率——80 Hz，但由于干扰信号过多，内圈故障频率被淹没，因此需要进一步滤波和包络解调对数据进一步分析。

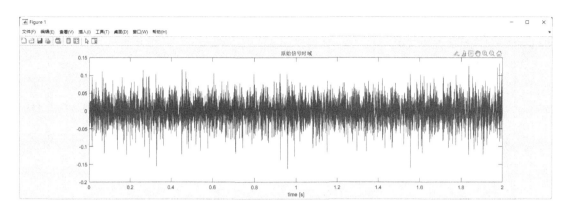

图 8   内圈故障轴承原始信号时域波形

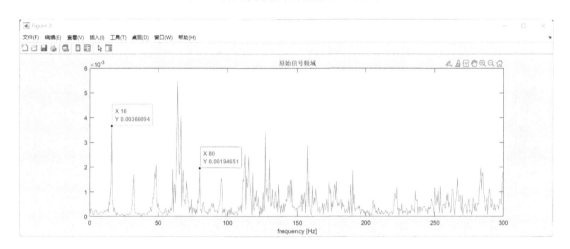

图 9   内圈轴承原始信号频谱图

2) 小波降噪与巴特沃斯滤波——带通滤波

分析: 如图 12 所示, 在经过降噪与滤波后, 内圈故障频率被显著提取出来。

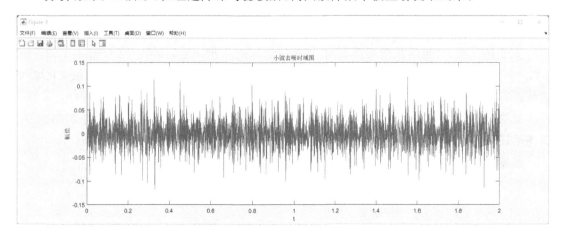

图 10   内圈故障轴承小波去噪时域波形

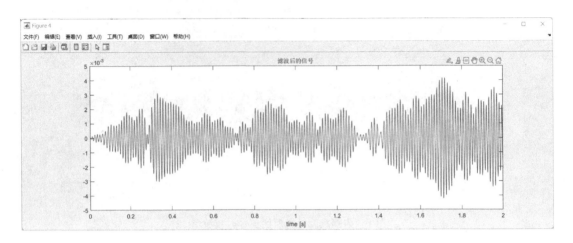

图 11　内圈故障轴承带通滤波时域波形

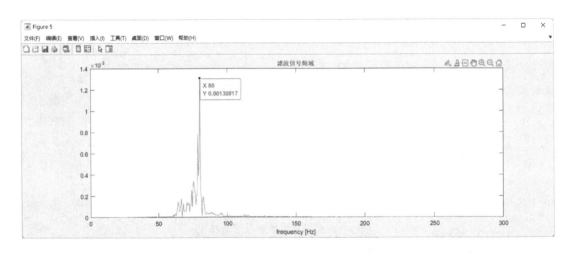

图 12　内圈故障轴承带通滤波频域波形

3）包络解调

分析：为进一步确定内圈故障特征，对内圈故障时域波形通过低通滤波引入包络曲线。

如图 14 所示，将包络曲线局部放大，相邻幅值间隔 $0.8676 - 0.8081 = 0.0595$ s，$0.9317 - 0.8676 = 0.0641$ s，其值恰证明内圈故障频率被转频调制，幅值大小呈周期性变化，幅值变化周期为转频 f_r 的倒数，即 $T = 1/f_r = 0.06$ s。

如图 15 所示，相邻冲击间隔为 $0.8814 - 0.8674 = 0.014$ s，$0.9578 - 0.9454 = 0.0124$ s，其值恰证明内圈故障冲击间隔为内圈故障频率 f_i 倒数，即 $T = 1/f_i = 0.013$ s。

通过对图 14，图 15 的分析，进一步说明了内圈故障特征。

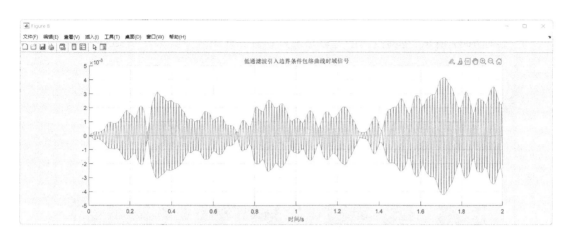

图 13　内圈故障轴承包络解调时域波形

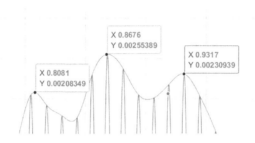

图 14　内圈故障轴承幅值调制示意图

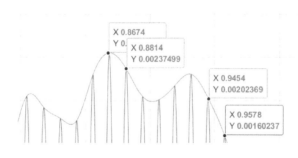

图 15　内圈故障轴承冲击间隔

3. 外圈故障信号分析

频率	采样频率	内圈	外圈	滚动体	保持架
Hz	15.87	78.56	48.4	31.58	6.03

分析:外圈故障特征:振动信号出现周期性冲击,冲击间隔为外圈故障特征频率 f_o 倒数,即 $1/f_o = 0.02$ s 。

1)原始信号时频谱

分析:如图 17 所示,在频谱图中可以显著地观察到外圈故障频率——48.5 Hz。

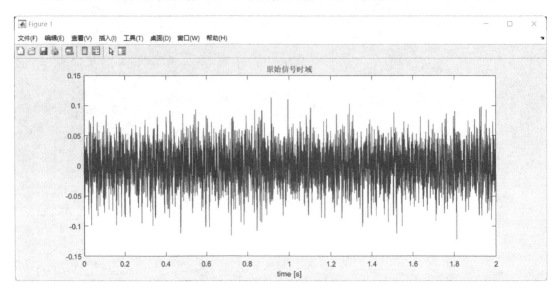

图 16　外圈故障原始时域波形

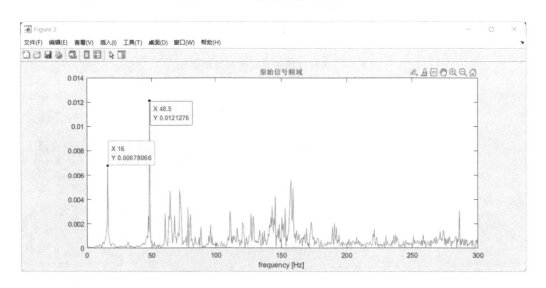

图 17　外圈故障原始频域波形

2)小波降噪与巴特沃斯滤波——带通滤波

分析:如图 20 所示,在经过降噪与滤波后,内圈故障频率被显著提取出来。

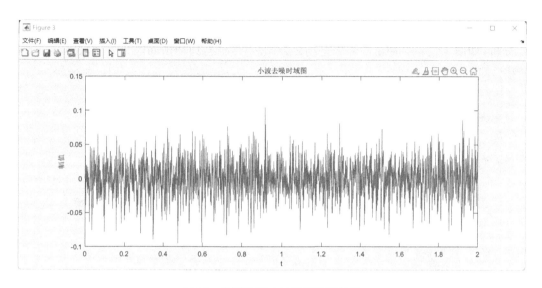

图 18　外圈故障小波降噪时域波形

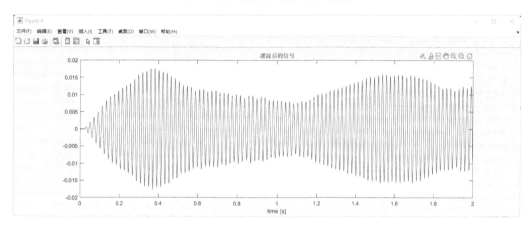

图 19　外圈故障滤波时域波形

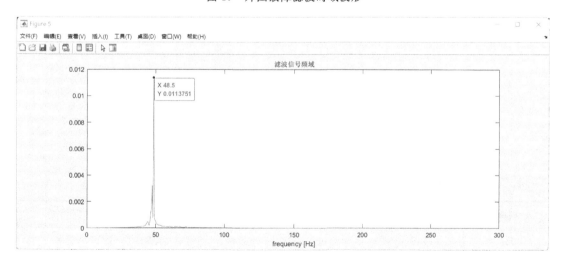

图 20　外圈故障滤波频谱图

3)包络分析

分析:如图 22 所示,冲击间隔之差满足外圈故障特征,即冲击间隔为外圈故障特征频率 f_0 倒数,即 $1/f_0 = 0.02$ s 。

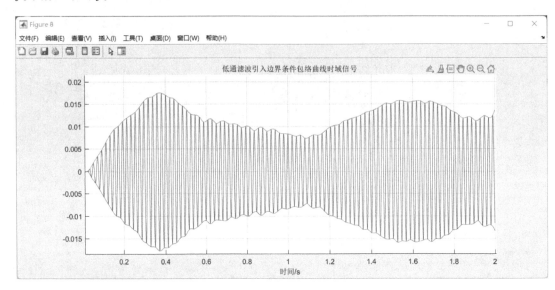

图 21　外圈故障包络谱图

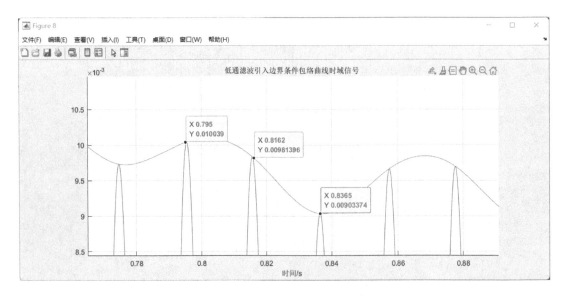

图 22　外圈故障特征示意图

4. 滚子故障信号分析

频率	采样频率	内圈	外圈	滚动体	保持架
Hz	15.87	78.56	48.4	31.58	6.03

分析:滚子故障特征,振动信号产生周期成分,冲击间隔为内圈故障频率 f_b 倒数,即 $1/f_b=0.0317$ s,产生以滚动体故障特征频率为中心地边频带,边频带大小为保持架的故障特征频率 f_c。

$$1/f_c=0.166 \text{ s}$$

1)原始信号时频谱

分析:如图 24 所示,在频域图中出现了转频以及滚子故障特征频率,但滚子故障特征频率并不明显,对其滤波。

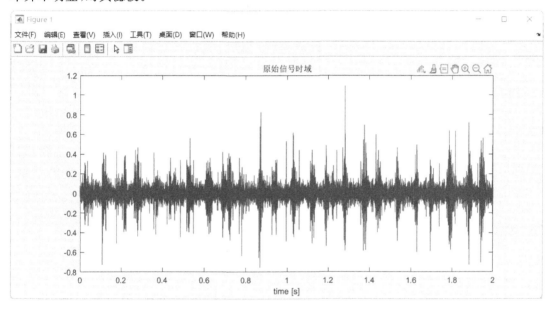

图 23 滚子故障时域图

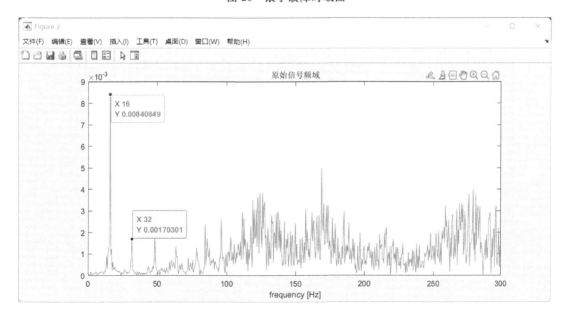

图 24 滚子故障频域图

2）小波降噪与巴特沃斯滤波——带通滤波

分析：经去噪与滤波后。如图 25 所示，滚子故障特征频率清晰地被提取出来。

如图 27 所示，冲击间隔为 $1.1748-1.1433=0.0315$ s，符合滚子故障特征：振动信号产生周期成分，冲击间隔为内圈故障频率 f_b 倒数，即 $1/f_b=0.0317$ s。

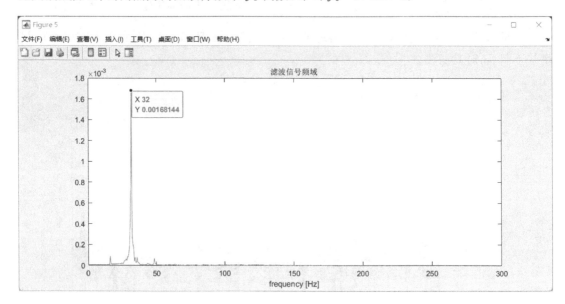

图 25　滤波滚子故障频域图

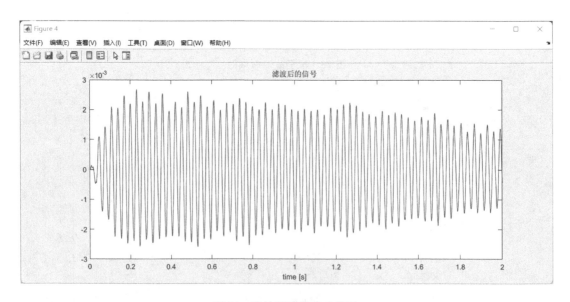

图 26　滤波滚子故障时域图

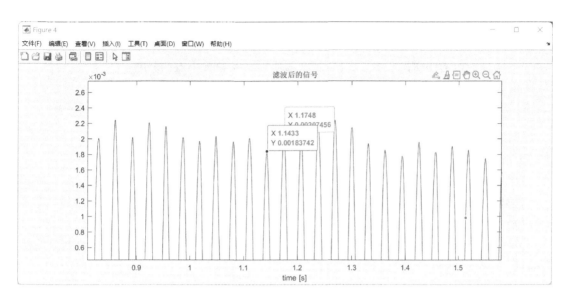

图 27　滚子故障特征示意图

五、实验思考与总结

1.由于干扰信号过多,实验并不能仅仅通过时域图和傅里叶变换就提取到故障特征频率,应对信号进一步地去噪滤波与包络解调,使故障特征更明显地呈现出来。

2.学会了测试系统的搭建与传感器的布置,将课堂所学运用到实际中,一方面加深了我们对课本理论的认识,另一方面也提高了实验操作技能。

3.通过小组合作与实验操作,可以加强学生的合作精神与团队意识,在编写代码过程中也会遇到重重困难,但最终会克服,这样也就提高学生分析问题和解决问题的能力。

六、分工

姓名	分工
	数据记录,故障特征频率计算,正常轴承信号分析
	实验操作,外圈故障信号分析,实验报告撰写
	实验操作,内圈故障信号分析,实验报告撰写
	实验操作,滚动体故障信号分析,PPT 制作与答辩

七、代码

```
dataz1=D:\qqfile\zhoucheng\roller.xlsx;
x=transpose(xlsread(dataz1,1,'A1:A20000'));
% 原始信号时域分析及小波去噪
fs=10000;                           % 采样频率
```

```
N=length(x);                                     % 采样点数
time=N/fs;                                        % 采样时间
f=(0:N-1)*fs/N;                                   % 第 n 个点的频率
nHz=300;                                          % 画频谱的横坐标到 nHz
Hz=nHz*time;                                      % 画的频谱的横坐标的数组个数
fx = abs(fft(x-mean(x)))/(N/2);                   % 快速傅里叶变换
n=0:N-1;
t=n/fs;
% 绘制原始信号的时域、频域
figure(1)
plot((0:N-1)/fs,x,'b'),title('原始信号时域'),xlabel('time [s]');   % 绘制原始信
号时域
figure(2)
plot(f(1:Hz), fx(1:Hz),'r'),title('原始信号频域'),xlabel('frequency [Hz]');
% 绘制原始信号频域
% 小波去噪
[thr,sorh,keepapp]=ddencmp('den','wv',x);
xd=wdencmp('gbl',x,'db3',2,thr,sorh,keepapp);
figure(3)
plot(t,xd),xlabel('t'),ylabel('幅值'),title('小波去噪时域图');
% 滤波
% 巴特沃斯滤波——带通滤波
Wc1=2*30/fs;                                      % 下截止频率 28Hz
Wc2=2*35/fs;                                      % 上截止频率 30Hz
[b,a]=butter(2,[Wc1, Wc2],'bandpass');           % 二阶的巴特沃斯带通滤波
x1=filter(b,a,xd);
figure(4)
len=length(x1)-1;
p=0:1/fs:len/fs;
plot(p,x1,'b'),title('滤波后的信号'),xlabel('time [s]');
fx1 = abs(fft(x1-mean(x1)))/(N/2);               % 傅里叶变换
figure(5)
plot(f(1:Hz), fx1(1:Hz),'r'),title('滤波信号频域'),xlabel('frequency [Hz]');
%
baoluo=hilbert(x1);
absbaoluo=abs(baoluo);
fftabsbaoluo=abs(fft(absbaoluo));
```

```
figure(6)
plot(t(1:length(absbaoluo)),absbaoluo);title('hilbert 时域波形');
xlabel('时间(s)'),ylabel('幅值');
figure(7)
plot((0:length(fftabsbaoluo)-1)*fs/length(fftabsbaoluo),fftabsbaoluo);
title('hilbert 频域波形');
xlabel('频率(Hz)'),ylabel('幅值');
axis([0,200,0,5]);


d=diff(x1);
Lemd=length(d);
temd=t(1:Lemd);
d1=d(1:Lemd-1);d2=d(2:Lemd);
indmin=find(d1.*d2<0&d1<0)+1;
indmax=find(d1.*d2<0&d1>0)+1;
envmin=spline(temd(indmin),x1(indmin),temd);
envmax=spline(temd(indmax),x1(indmax),temd);
figure(8);hold on;plot(temd,x1(1:Lemd));plot(temd,envmin,'r');plot(temd,env-
max,'m');
grid on;title('低通滤波引入边界条件包络曲线时域信号');xlabel('时间/s');
fftenvmax=fft(envmax);
absfftenvmax=abs(fftenvmax);
figure(9);hold on;plot(temd,envmax);
grid on;title('低通滤波信号上包络时域信号');xlabel('时间/s');
figure(10);plot((0:length(absfftenvmax)-1)*12800/length(absfftenvmax),
absfftenvmax);
grid on;title('低通滤波信号上包络频域信号');xlabel('频率/Hz');ylabel('振幅|H(e^
jw)');
axis([0,80,0,20]);
```